ライブラリ 新物理学基礎テキスト **Q4**

レクチャー
熱・統計力学

市川 聡夫 著

サイエンス社

●編者のことば●

　私たち人間にはモノ・現象の背後にあるしくみを知りたいという知的好奇心があります．それらを体系的に整理・研究・発展させているのが自然科学や社会科学です．物理学はその自然科学の一分野であり，現象の普遍的な基礎原理・法則を数学的手段で解明します．新たな解明・発見はそれを踏まえた次の課題の解明を要求します．このような絶えざる営みによって新しい物理学も開拓され，そして自然の理解は深化していきます．

　物理学はいつの時代も科学・技術の基礎を与え続けてきました．AI，IoT，量子コンピュータ，宇宙への進出など，最近の科学・技術の進展は私たちの社会や世界観を急速に変えつつあり，現代は第4次産業革命の時代とも言われます．それらの根底には科学の基礎的な学問である物理学があります．

　このライブラリは物理学の基礎を確実に学ぶためのテキストとして編集されました．物理学は一部の特別な人だけが学ぶものではなく，広く多くの人に理解され，また応用されて，これからの新しい時代に適応する力となっていきます．その思いから，理工系の幅広い読者にわかりやすく説明する丁寧なテキストを目指し標準的な大学生が独力で理解出来るように工夫されています．経験豊かな著者によって，物理学の根幹となる「力学」，「振動・波動」，「熱・統計力学」，「電磁気学」，「量子力学」がライブラリとして著されています．また，高校と大学の接続を意識して，「物理学の学び方」という1冊も加えました．

　「物理学はむずかしい」と，理工系の学生であっても多くの人が感じているようです．しかし，物理学は実り豊かな学問であり，物理学自体の発展はもとより，他の学問分野にも強い刺激を与えています．化学や生物学への影響ばかりではなく，最近は情報理論や社会科学，脳科学などへも応用されています．物理学自体の「難問」の解明もさることながら，これからもいろいろな応用が発展していくでしょう．

　このライブラリによってまずしっかりと基礎固めを行い，それからより高度な学びに繋げてほしいと思います．そして新しい社会を創造する糧としてもらいたいと願っています．

2019年12月　　　　　　　　　　　　　　編者　本庄春雄　原田恒司

まえがき

　ニュートンの運動方程式のように簡単な方程式から複雑な自然現象を説明できることを知ったときに，驚きとともに感動したことを覚えている．一方で熱力学を学んだ際には，ニュートンの運動方程式とは異なり，基本法則は言葉で表された経験則であり，偏微分方程式の変形も厳密性を欠いているように感じ，なんとなく他の物理学の分野との違和感を受けていた．しかしながら，様々な物理学の分野を学んでいくうちに，多体系の自然現象を理解する上で非常に強力な考え方・手法であることがわかるようになった．さらに，分子に関する力学から熱力学を理解する統計力学を知ることにより，熱力学に対する印象が変わってきた．本書では，熱力学に対し私と同じような第一印象をもたれた（これからもつ）方がより本質を理解できるような解説を心掛けた．

　グローバル社会における大学教育の質の維持・向上，および各学問分野のアイデンティティを明確にするため，日本学術会議では，平成 20 年に文部科学省から大学教育の分野別質保証の在り方について審議する依頼を受けたことを契機として，分野別（学問分野別）の参照基準の作成を開始し，現在までに約 30 の分野の参照基準を作成し，公表している．物理学・天文学分野の中に熱力学・統計力学に関しては，下記のようにまとめられている．

（大学教育の分野別質保証のための教育課程編成上の参照基準—物理学・天文学分野 より抜粋引用）
『18 世紀に入ると技術は格段に進歩し，歴史は産業革命へと進み，その中でワットの改良した蒸気機関は社会的に大きな役割を果たした．そこで生まれてきたのは，熱が機械力を生む時，その過程の中にどのような自然法則が潜んでいるのかという問題である．カルノー，ジュール，ヘルムホルツ，トムソン（ケルヴィン卿），クラウジウス等により "熱力学の三法則（第 0 法則，第 1 法則，第 2 法則）" をもとに「熱力学」が体系化され，今日，我々の用いている意味でのエネルギー，絶対温度，エントロピー等の概念が導入された．19 世紀後半になるとヘルムホルツにより自由エネルギーが，ギブズにより化学ポテンシャルが導入され，化学反応を含む広い範囲の現象を熱力学で議論することが可能

ま え が き

になってきた．この後熱力学はさらに体系化が進み，物質（気体・液体・固体）を構成する原子や分子に基づく「統計力学」へと発展した．

（中略）

物理学・天文学分野を学ぶ学生が身に付けることを目指すべき基本的な素養

- 熱力学の三法則を理解し，熱現象を説明できる．絶対温度，エネルギー保存則，不可逆過程，エントロピー等が説明でき，熱現象に適用できる．
- 熱現象を原子や分子の運動から理解し，統計力学の手法を説明できる．また，その手法を用いて，エントロピー，古典的な統計性（マクスウェル－ボルツマン分布），量子的な統計性（ボース－アインシュタイン分布，フェルミ－ディラック分布）を説明でき，対応する現象に適用できる．』

以上を参考に本書では次の点を理解できるように内容を厳選した．

- 熱機関が行う仕事やその効率を熱力学で理解する．
- マクロな量である状態量の間に成り立つ関係を熱力学の法則から考える．
- 分子の力学的な運動から，温度や熱，物質の相を理解する．
- 統計力学の基本的な考え方を理解し，具体的なモデルにおける状態量の求め方を理解する．

キーワードとしては以下のものがあげられる：ワットの改良した蒸気機関，カルノー，ジュール，ヘルムホルツ，トムソン（ケルヴィン卿），クラウジウス等，熱力学の3法則（第0法則，第1法則，第2法則），エネルギー，絶対温度，エントロピー，自由エネルギー，化学ポテンシャル，熱現象，統計力学

本書が物理学や熱力学・統計力学を専門としない方にこそ，活用できるテキストになれば幸いである．

本書の執筆依頼を受けてから，膨大な時間をかけてしまった．ひとえに著者の怠慢によるものであり，編者の本庄春雄先生，原田恒司先生を始め，多くの方にご迷惑をかけてしまった．お詫び申し上げたい．特に，本当に辛抱強く寄り添って頂いたサイエンス社の田島伸彦氏，足立豊氏には，これまでのご協力に感謝し，お礼を申し上げたい．

2025 年 1 月

市川聡夫

目　　次

第1章　温 度 と 熱　　1

1.1 熱 平 衡 状 態 ……………………………… 1
1.2 温度とは何か ……………………………… 3
1.3 理 想 気 体 ……………………………… 4
1.4 実 在 気 体 ……………………………… 8
1.5 熱 と は 何 か ……………………………… 11
　　　演 習 問 題 ……………………………… 15

第2章　熱も含めたエネルギー保存則（熱力学第1法則）　　17

2.1 熱力学第1法則 ……………………………… 17
2.2 準 静 的 変 化 ……………………………… 20
2.3 完 全 微 分 ……………………………… 23
2.4 比　　　　熱 ……………………………… 26
2.5 気体の内部エネルギー ……………………… 29
2.6 断 熱 変 化 ……………………………… 32
　　　演 習 問 題 ……………………………… 34

第3章　熱機関の最大の効率（熱力学第2法則）　　37

3.1 熱 機 関 の 効 率 ……………………………… 37
3.2 カルノーサイクル ……………………………… 39
3.3 熱力学第2法則 ……………………………… 42
3.4 可逆機関の最大効率 …………………………… 45
3.5 エントロピー ……………………………… 50
3.6 エントロピー増大の法則 ……………………… 56
3.7 マクスウェルの関係式 ………………………… 58
　　　演 習 問 題 ……………………………… 63

第4章　分子の運動から見た熱力学
（気体分子運動論とマクスウェル分布）　65

4.1 理想気体のモデル	65
4.2 分子運動と温度の関係	68
4.3 理想気体の比熱	70
4.4 気体分子を分配する方法	73
4.5 スターリングの公式と最大確率	78
4.6 変分法とラグランジュの未定乗数法	84
4.7 位相空間とマクスウェル分布	86
演　習　問　題	92

第5章　ミクロからマクロへ導く方法（平衡統計力学の基礎）　93

5.1 量子力学と微視的状態数	93
5.2 熱平衡における微視的状態	95
5.3 状態数と統計熱力学的に正常な系	98
5.4 確　率　モ　デ　ル	99
5.4.1 小　正　準　集　団	99
5.4.2 正　準　集　団	101
5.4.3 大　正　準　集　団	109
演　習　問　題	112

第6章　統計力学と熱力学の接続（確率モデルの応用）　113

6.1 ボルツマンの原理	113
6.2 正準集団における物理量の期待値	117
6.3 内部エネルギー	119
6.4 圧力とエントロピー	122
6.5 ヘルムホルツの自由エネルギー	128
6.6 平　均　粒　子　数	129
6.7 分配関数と物理量	131
演　習　問　題	132

目　次　　**vii**

第 7 章　同種粒子における影響（量子統計力学） **133**

7.1 ギブズのパラドックス ……………………………… 133

7.2 量子統計力学における自由粒子 ………………… 134

7.3 同種自由粒子が従う統計 ………………………… 137

　7.3.1 ボース‐アインシュタイン統計 …………… 139

　7.3.2 フェルミ‐ディラック統計 ………………… 140

　7.3.3 ボルツマン統計 …………………………… 141

7.4 固 体 の 比 熱 ………………………………………… 144

7.5 熱 輻 射 …………………………………………… 148

　演 習 問 題 ……………………………………………… 152

付録 A　量子力学の基礎 **153**

A.1 シュレーディンガー方程式 …………………… 153

A.2 1 次元の自由粒子 ……………………………… 153

A.3 1 次元調和振動子 ……………………………… 155

A.4 古典力学の条件 ………………………………… 157

付録 B　立方体中の N 個の自由粒子の系における状態数 **158**

B.1 3 次元空間の自由粒子 ………………………… 158

B.2 3 次元空間の N 個の自由粒子 ……………… 160

付録 C　エントロピーと情報・確率分布 **164**

C.1 シャノンのエントロピー ……………………… 164

C.2 ギブズのエントロピー ………………………… 166

C.3 熱平衡状態におけるエントロピー …………… 168

演習問題解答例 **170**

参考文献，および，さらに勉強するために **194**

索　　引 **196**

第1章

温 度 と 熱

　温度や熱は日常生活でよく使う言葉であるため，その定義はあいまいなまま使い始めたのでないだろうか．歴史的にも熱が何であるかについて論争があった．一方で，産業革命により蒸気機関を科学的に理解する必要が生まれ，多くの科学者により，温度や熱の理解が進んだ．温度や熱を正確に理解することが熱力学の理解への出発点となるだろう．まずは温度と熱の本質を理解するところから始めよう．

キーワード：熱平衡状態，状態量，示量変数，示強変数，温度，熱力学第0法則，ボイルの法則，シャルルの法則，絶対温度，気体定数，理想気体の状態方程式，ファン・デル・ワールスの状態方程式，三重点，蒸発曲線，融解曲線，昇華曲線，飽和蒸気圧，潜熱，熱容量，比熱，熱伝導，対流，熱輻射

1.1 熱 平 衡 状 態

　考察の対象を系[1]とよぶ．何を対象とするかで系が決まるので，分子や原子1個を考えるミクロ（微視的）な系もあれば，分子・原子の集合である容器中の気体を対象としたマクロ（巨視的）な系を取り扱うこともある．熱力学は分子・原子の個々の運動ではなく，マクロな系としての振舞いを議論する．マクロな系であっても構成している物体すべてを系とすることもあれば，その一部が系となることもある．例えば，気体と気体を入れた容器を合わせたものを系とすることもあれば，容器の中の気体のみを系とすることもある．

　マクロな系の状態の変化を取り扱うために，容器の中の気体のみを系として考えよう．例えば，ピストンのついた容器に気体が入っている状態でピストンを押し込む場合，押し込まれた直後は気体の密度（単位体積あたりの気体

---

[1] 『一定の相互作用または相互関係をもつ物体の集合.』（広辞苑より）英語では system を用いる．日本語の「系」は聞きなれないが，一般的な用語として考えてほしい.

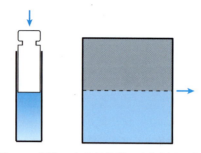

図 1.1 気体の密度が場所により異なる場合

の分子数）は場所により異なり，むらができる．また，同じ種類であるが密度の異なる気体を入れた 2 つの容器を隔てている壁を取り除いた直後には，気体の密度は異なる．（図 1.1 参照）しかし，その状態を保ったまま，すなわち外部から熱の流入などもなく，体積を固定したまま，十分に長い時間が経過すると，密度は一様となり，マクロな観点からは時間変化が認識できない状態となる．その状態を**熱平衡状態**とよぶ．熱平衡状態であっても分子や原子などの個々の構成要素は運動しており，ミクロな観点では時間変化をしているが，多数の構成要素の平均値，すなわち，マクロな観点では定常状態になっている．なお，2 つの系が**熱平衡**にあるという場合は，2 つの系全体が熱平衡状態になっていることをさす．

　系が熱平衡状態であれば，その系の物理量を一意に決めることができ，その量を**状態量**という．体積や物質量[2]は状態量である．なお，体積や物質量は系の大きさに比例して変化する量である．例えば，同じ大きさの 2 つの容器に同じ種類，同じ密度（圧力）の気体が入っているとする．2 つの容器を足し合わせて間の壁を取り除いたものの中の気体の体積と物質量は 2 倍になる．このようにもとの系とそっくりだが，全体の大きさを何倍かにしたときに，同じ倍率で増える状態量を**示量変数**とよぶ．

　一方，密度や圧力は状態量であるが，系の大きさに依存しない．このような量を**示強変数**とよぶ．なお，状態量として圧力を扱う場合は，熱平衡状態であるので密度はどこでも一定値である．

---

[2] 系を構成する粒子の個数をアボガドロ定数で割ったものである．アボガドロ定数は 4.2 節で説明する．モル数という用語もよく見かけるが，モル（mol）は国際単位系での物質量の単位であり，物質の量を表す物理量としては物質量を用いることとする．

1.2 温度とは何か

物体の熱さや冷たさを表す物理量として**温度**がある．熱平衡状態では物体内で温度は均一であり，系の状態を表す物理量として取り扱うことができる．したがって，2つの物体が熱平衡にあるとき，2つの物体の温度は同じになる．ミクロな視点では，温度は系の構成要素である分子・原子の力学的エネルギーの平均値であるが，詳細は第4章で議論することとして，しばらくはマクロな状態量（示強変数）のひとつとして取り扱うこととする．

異なる系の間の温度を決定するために，次の経験則を用いる．

● **熱力学第0法則**　物体Aと物体Bが熱平衡であり，物体Bと物体Cが熱平衡のときは物体Aと物体Cも熱平衡である．

この法則の状況が成り立つ場合は，物体Bを通して物体Aと物体Cが同じ温度であることがわかり，物体Bの温度を定量的に示すことができれば，物体Aと物体Cの温度もわかる．つまり物体Bが**温度計**の役目を果たしていることがわかる．これまでに利用されてきた主な温度計を表 1.1 にまとめた．

表 1.1　様々な温度計

名称	測定原理
ガリレオの測温器	空気の熱膨張を利用
水銀温度計・アルコール温度計	水銀・アルコールの熱膨張を利用
バイメタル温度計	熱膨張率の異なる2種類の金属薄板を張り合わせることにより，温度により曲がり方が異なることを利用
サーミスタ温度計	半導体の電気抵抗の温度依存性を利用
熱電対	熱起電力の異なる2種類の金属線の2か所の接点間の温度差に応じた電圧を利用
放射温度計	物体からの熱輻射（1.5節と7.5節で説明している）により放出される電磁波の波長と強度の関係を利用

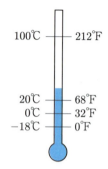

図 1.2　セルシウス温度とファーレンハイト温度の関係

熱力学第0法則に基づく温度の比較は同時，同所となってしまう．異なる時間，場所に対する比較のためには，温度の基準が必要となる．現在，日本など世界の多くの国々では1気圧で水が凍る温度（氷点）と沸騰する温度（沸点）を基準とした**セルシウス温度**[3]（記号：℃）が広く使われている．一方，イギリスやアメリカ合衆国では**ファーレンハイト温度**[4]（記号：℉）も一般的に使われている．いくつかの温度の換算を図 1.2 に示す．

1.3　理想気体

ガリレオの測温器は温度によって空気が膨張することを利用した温度計である．このように，温度や圧力によって気体の体積が変化することは以前より知られており，それらの関係を示した法則がある．

> ● **ボイルの法則**　温度が一定であるとき，圧力 p と体積 V は互いに反比例の関係がある[5]．
>
> $$pV = 一定 \quad (温度は一定) \tag{1.1}$$

---

[3] セルシウス（A. Celsius，1701.11.27〜1744.4.25，スウェーデン）が 1742 年に水の氷点を 100℃，沸点を 0℃ として目盛ったのが始まり．後に，現在のように逆の数値に改められた．中国で摂爾修の字を当てたため摂氏温度ともいう．

[4] ファーレンハイト（G.D. Fahrenheit，1686.5.14〜1736.9.16，ドイツ）が 1724 年に始めたもので，中国で華倫海の字を当てたため華氏温度ともよばれる．

[5] 1662 年にボイル（R. Boyle，1627.1.25〜1691.12.31，イギリス）が空気に対して成り立つことを発見し，その後，他の気体でも成り立つことが確かめられた．

1.3 理想気体

● **シャルルの法則**　圧力が一定であるとき，体積 V と温度 t が線形の関係である[6]．

$$V = a + bt \quad (\text{圧力は一定，} a \text{と} b \text{は定数}) \tag{1.2}$$

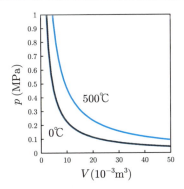

図 1.3　ボイルの法則（1 mol の理想気体の場合）

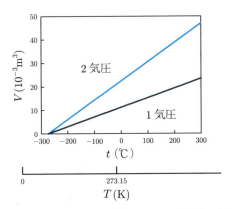

図 1.4　シャルルの法則（1 mol の理想気体の場合）

---

[6] 1787 年にシャルル（J.A.C. Charles, 1746.11.12～1823.4.7, フランス）が温度に対する気体の膨張率が気体によらず一定であることを発見したが，発表しなかった．これを 1802 年にゲイ＝リュサック（J.L. Gay-Lussac, 1778.12.6～1850.5.9, フランス）が初めて発表した．

6   第1章 温 度 と 熱

これらの法則は低温，高圧において液化が起きるような条件の近くでは成り立たないが，それ以外の広い領域において成り立つ．このことから，気体の体積変化を利用して温度目盛りを得ることができる．

シャルルの法則の線形関係を低温側に外挿すると，気体の種類や圧力によらず $-273.15℃$ で $V = 0$ となる．したがって，新たな温度目盛り

$$T/K = t/℃ + 273.15 \tag{1.3}$$

を導入することにより，体積と温度は比例関係となる．この温度目盛りで定義した温度を**絶対温度**とよび，トムソン（ケルヴィン卿）[7]の名前から単位は K（ケルビン）とよばれる．体積 V と絶対温度 T の関係を $0℃$ に相当する絶対温度 $T_0 = 273.15\,K$ と，その温度での体積 V_0 を用いると

$$V = V_0 \frac{T}{T_0} \tag{1.4}$$

となる．$T = 0\,K$ では体積 $V = 0$ となるので，低温でも液化しないとすると，気体としては存在できる最低温度となる．この温度を**絶対零度**とよぶ．

● **ボイル‒シャルルの法則**　気体の圧力 p，体積 V，絶対温度 T の間の関係式としてボイルの法則とシャルルの法則を組み合わせることにより

$$pV = nRT \tag{1.5}$$

を得ることができる．これを**ボイル‒シャルルの法則**とよぶ．この式は $n\,\mathrm{mol}$ の気体に対する関係式であり，$R = 8.31451\,\mathrm{J/(K \cdot mol)}$ は**気体定数**とよばれる比例定数である．

┌─ **例題 1.1** ───────────────

　$1\,\mathrm{mol}$ の気体が $0℃$，1 気圧（$= 1013\,\mathrm{hPa} = 1.013 \times 10^5\,\mathrm{N/m^2}$）の状態では $22.4\,\mathrm{L}$（リットル）の体積を占める．これらの数値を用いて気体定数 R の値を求めよ．

---

[7] トムソン（W. Thomson, Baron Kelvin, 1824.6.26～1907.12.17, イギリス）は絶対温度や熱力学第2法則（トムソンの原理）の発見など熱力学に多大な貢献をしたが，その他に電磁気学など幅広い分野に多くの業績を残している．また，大西洋海底電信に関する功績で爵位を授けられ，のちにケルヴィン卿となった．

1.3 理 想 気 体

【解答】 式 (1.5) に与えられた数値を用いて計算すると,

$$R = \frac{pV}{nT}$$

$$= \frac{1.013 \times 10^5 \times 22.4 \times 10^{-3}}{1 \times 273.15}$$

$$= 8.31 \, \text{J/(K·mol)} \tag{1.6}$$

となる. □

実際の気体は 1.4 節で取り上げるように分子間力や分子の大きさのため,ボイル‐シャルルの法則からのずれがある.そこで,この法則が成り立つ気体を仮想的に存在するとして,**理想気体**とよぶこととする.

気体に限らずある 1 つの相をとる 1 成分からなる物体に対しては,絶対温度 T,体積 V,圧力 p は互いに独立ではなく,3 つの状態量の間に

$$f(T, V, p) = 0 \tag{1.7}$$

の関係が存在することが実験事実として知られている.これは式を変形することにより,

$$p = \phi_p(T, V) \tag{1.8}$$

$$V = \phi_V(T, p) \tag{1.9}$$

$$T = \phi_T(V, p) \tag{1.10}$$

の形にも書ける.これらを**状態方程式**とよぶ.式 (1.5) は理想気体の状態方程式である.なお,物理では文字の種類を増やさないように,変数と関数を同じ文字を使うことが多い.したがって,式 (1.8)〜(1.10) は今後は次式のように書くこともある.

$$p = p(T, V) \tag{1.11}$$

$$V = V(T, p) \tag{1.12}$$

$$T = T(V, p) \tag{1.13}$$

8　　　　　　　　　第1章　温度と熱

1.4 実 在 気 体

　実在の気体は式 (1.5) の理想気体の状態方程式では説明できない．その理由は気体分子の大きさを無視していることや分子間の引力を無視しているからである．そのため，1 mol の理想気体の状態方程式 $p = \frac{RT}{V}$ の補正を考えてみよう．

　まず，気体分子の大きさにより，気体分子が自由に動ける体積を $V - b$ と表すとすると

$$p = \frac{RT}{V - b} \tag{1.14}$$

となる．次に，分子間に引力がはたらくと，気体分子同士が離れる速度より近づく速度が少し速くなるので，圧力が小さくなる．近似的な計算で密度の2乗に比例，つまり体積の2乗に反比例する結果が得られている．

$$p = \frac{RT}{V - b} - \frac{a}{V^2} \tag{1.15}$$

書きなおすと

$$\left(p + \frac{a}{V^2}\right)(V - b) = RT \tag{1.16}$$

となる．これを**ファン・デル・ワールスの状態方程式**とよぶ[8]．

　ファン・デル・ワールスの状態方程式は実在気体の状態を必ずしも正確に表すものではないが，a と b の2つのパラメータを導入するだけで気体と液体の間の相転移を表していることに特徴がある．そのことを説明しよう．実在の物質は分子間力により3つの状態（気体，液体，固体）をとる．3つの状態はまとめて**三態**とよばれる．物質の三態の**相図**（状態図）を**図 1.5** に示す．一定圧力で温度を変えた場合の三態の間の変化は，**図 1.5**(a) において水平方向の変化に相当する．三態が共存する状態である**三重点**の圧力より少し高い圧力において，高温から低温に変化させると，気体，液体，固体の順に変化する．気体と液体の境界を表す曲線は**蒸発曲線**，液体と固体の境界を表す曲線は**融解曲線**，気体と固体の境界を表す曲線は**昇華曲線**とよぶ．これらの曲線上では，

---

[8] 1873 年にファン・デル・ワールス（J.D. van der Waals, 1837.11.23〜1923.3.8, オランダ）が発表した博士論文で液体と気体の両方を含む状態方程式を提案している．

1.4 実在気体

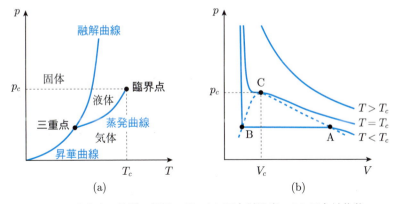

図 1.5 実在する物質の相図の例. (a) 圧力対温度. (b) 圧力対体積.

2つの相が共存する．蒸発曲線は**臨界点**とよばれる状態で終端となっており，臨界点における圧力 p_c より高い圧力で温度を下げても気体から液体への凝縮（液化）は起きず，連続的に密度が増えていく．臨界点の状態における圧力，温度，体積を，それぞれ，**臨界圧力** p_c，**臨界温度** T_c，**臨界体積** V_c とよぶ．

一定温度で体積や圧力を変化させた場合を，図 1.5(b) で見てみよう．$T < T_c$ の p-V 曲線は，高圧力側の気体と低圧力側の液体の間に，圧力一定の区間 AB が存在している．この区間では，一定温度の状態で，圧力を高くして気体を圧縮（体積を減少）すると，分子間の引力のため気体は液化を始める．液体と気体が共存している状態でさらに圧力を高めると，気体が減少し，液体が増加するため，圧力は減少する方向にはたらき，圧力は一定に保たれたままで，体積が減少していく．この圧力を**飽和蒸気圧**とよぶ．一方で，$T > T_c$ の p-V 曲線は連続的に変化しており，AB に相当する区間はみられない．すなわち，図 1.5(b) において，ACB の破線で囲まれた領域が気体と液体が共存する領域である．

ファン・デル・ワールスの状態方程式でこれらの現象がどのように説明されるかを見てみよう．臨界値 (p_c, V_c, T_c) を用いて規格化してファン・デル・ワールスの状態方程式を表すと，

$$\frac{p}{p_c} = \frac{8}{3}\frac{\frac{T}{T_c}}{\frac{V}{V_c} - \frac{1}{3}} - \frac{3}{(\frac{V}{V_c})^2} \tag{1.17}$$

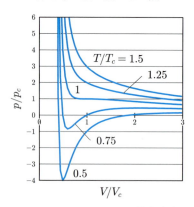

図 1.6　ファン・デル・ワールスの状態方程式の等温線

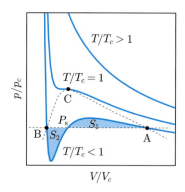

図 1.7　ファン・デル・ワールスの状態方程式による液化現象

となる．$\frac{T}{T_c} = 1.5, 1.25, 1, 0.75, 0.5$ についてグラフに示したものが図 1.6 である．$\frac{T}{T_c} = 0.75, 0.5$ では極小値がみられる．この温度での p-V グラフは実際の変化を表したわけではなく，実在気体における図 1.5(b) と比較することにより次のように理解される．図 1.7 に示すように $\frac{T}{T_c} < 1$ の等温度線と 3 点で交わる水平な線を考える．水平線と等温線で囲まれた 2 つの面積 S_1 と S_2 が等しくなるように水平な線の位置を調整する．3 点の交点の両端を結ぶ線分で気体は相転移すると考えることで説明することができる．等温圧縮する場合で説明しよう．点 A の状態から液化が始まり，液化で液体が増加している間は圧力は飽和蒸気圧 p_s で一定であり，水平なグラフとなる．すべて液体になった点 B の状態より体積が小さい領域は液体の p-V 曲線を表している．このよう

に説明できることの証明は省略する.

一方，$\frac{T}{T_c} > 1$ の温度での等温線は極小値は存在せず，液化が起きる領域を見つけることはできない．ファン・デル・ワールスの状態方程式で臨界点の存在を説明できていることがわかる．したがって，ファン・デル・ワールスの状態方程式では変曲点が臨界点に相当する．このことを利用すると，定数 a, b と臨界値 (p_c, V_c, T_c) の関係を導くことができる．（本章の章末問題を参照）

1.5　熱 と は 何 か

　熱という概念は，古代ギリシャ時代の哲学者が四元素説[9]のひとつとして火をあげていたことにさかのぼることができる．火は光や熱を発生させるが，それらを分けて考えず，元素のひとつとして考えていた.

　熱に対する科学的理解が進む原動力として，産業革命という社会的背景をあげることができる．18 世紀に起きた産業革命により，動力が水車から熱機関に移り変わった．そこには，炭坑の水のくみ出しなどに利用されていたニューコメン[10]の機関を，ワット[11]が改良し効率がよくなったという技術的な発展もあったが，以下に説明する熱力学の新しい知見が技術的な発展と密接に関係していると思われる.

　熱の本質について説明する説として，大きく分けて物質説と運動説の 2 つがある．物質説としては，17 世紀にガッサンディが熱原子という考え方を示し，18 世紀にベッヒャーやシュタールにより，燃素（フロギストン）説が主張された．この説によると，金属は金属灰とフロギストンからできており，燃焼はフロギストンが逃げ去る現象とするものである．温度が変わるのは熱素（カロリック）という物質の移動によるものであるという熱素（カロリック）説も 18 世紀初頭からラボアジェ[12]らによって唱えられた．カロリックは質量をもたない流動体であり，高温から低温へ流れるとされていた．一方で，摩擦による発熱や発火を観察することにより，熱は物質を構成する微小粒子の激しい振動であるとする運動説が，ボイル，フック，ホイヘンス，ニュートンらに

---

9) 世界の物質は，火・空気・水・土の 4 つの元素から構成されているとする考え方.

10) T. Newcomen，1664.2.24〜1729.8.5，イギリス

11) J. Watt，1736.1.19〜1819.8.25，イギリス

12) A.-L. de Lavoisier，1743.8.26〜1794.5.8，フランス

12　　　　　　　　　　　第1章　温　度　と　熱

より唱えられていた．18世紀は熱の本質について活発に議論がなされた時期
であり，当然のことではあるが，科学者それぞれも自分が唱えた説に固執する
ことなく，考え方を変えていることは興味深い．

　前述の議論の中でも温度と熱の区別はあいまいであり，はっきり区別をした
のはブラックといわれている[13]．ブラックは熱い水銀に同じ質量の冷たい水
を加えたとき，水の温度に近い温度で一定になり，なぜ，水銀と水の中間の温
度でないのかを疑問に思った．また，水を沸騰させて温度の時間変化を調べた
ときに，熱を加え続けているのに沸点で温度が変わらなかったことから，熱と
温度は別と考えるようになった．さらに，ブラックは気温が0℃以上でもす
ぐには雪はとけないことや，気化したスコッチウイスキーを凝結させるには大
量の水が必要なことなどから，**潜熱**（状態が変化するために必要な熱）が存在
することを発見し，温度と熱の違いを明確に示した．

　熱の運動説を実験的に立証したものとして有名な実験がランフォードによっ
て行われた[14]．ランフォードはドイツ，ミュンヘンで大砲の中ぐり作業の際
に砲身が熱をもつことから，この作業を水中で行い，運動が続く限り熱は枯渇
せず，ついには水が沸騰することに注目した．すなわち，熱は限りある物質で
はなく，運動により発生できるものであることを示した実験であった．ジュー
ルが1845年に実験を通して，熱がエネルギーと等価であることを熱の仕事等
量を示すことで明らかにした．したがって，国際単位系では熱量の単位として
エネルギーと同じJ（ジュール）を用いる．以下では，熱の本質が分子・原子
の運動であることを巨視的な視点で説明する．

　物質の温度が何度上昇したかによって，物質に移った熱の量，すなわち**熱量**
を定義することができる．物体の温度を1K上げるのに必要な熱量をその物
体の**熱容量**とよぶ．国際単位系では単位はJ/Kを用いる．単位質量あたりの
熱容量を**比熱**とよび，単位はJ/(kg·K)を用いる．

　比熱 c，質量 m の物体が温度 T_1 から T_2 に変化した場合，物体の熱容量 C

---

　13) ブラック（J. Black, 1728.4.16〜1799.12.6, イギリス）は1756年から1766年にエ
ディンバラ大学に移るまでグラスゴー大学の教授として熱に関する研究を進めた．また，
ワットとも親しく，よき相談者，支援者でもあった．
　14) 1798年にランフォード伯（B. Thompson, Count Rumford, 1753.3.26〜
1814.8.21, アメリカ）により実施された．

および物体に移動した熱量 Q は次式で求めることができる.

$$C = cm \tag{1.18}$$

$$Q = C(T_2 - T_1) = cm(T_2 - T_1) \tag{1.19}$$

熱量が負の値の場合は,物体から熱が他の物体に移動したと考える.前述のように砲身の中ぐり作業のような摩擦運動により熱が発生する.これは,分子や原子の運動により熱が発生したと考えることにより説明ができる.分子・原子が運動しているということは,運動エネルギーをもっているはずであり,それが次章で取り扱う内部エネルギーの一部となる.すなわち,内部エネルギーの指標が温度であり,熱が移動して温度が変化するので,熱はエネルギーの移動に相当する.力学において仕事をすることにより力学的エネルギーが変化することを学んだ.したがって,熱は仕事と等価である.このことは,ジュールが様々な実験を通して熱と仕事の関係を測定で求めた.ジュールが行った実験のひとつとして,おもりの位置エネルギーが水中の回転板の運動エネルギーに変わり,それが熱として水の温度の上昇につながることにより,熱量と仕事の数値的な関係を求めたものがある[15].その後の詳細な実験により,1 cal の熱量[16]が仕事の単位である J(ジュール)と

$$1\,\text{cal} = 4.186\,\text{J} \tag{1.20}$$

の関係があることがわかっている.

┌─ 例題 1.2 ─

 1 kg の鉄を 20℃ から 100℃ にするために必要な熱量は何 J か.鉄の比熱を 420 J/(kg·K) とする.

---

[15] 1845 年にジュール(J.P. Joule, 1818.12.24～1889.10.11, イギリス)が行った実験は当初注目されなかったが,トムソン(ケルヴィン卿)による指摘で認められるようになった.

[16] 1 g の水の温度を 14.5℃ から 15.5℃ までに上昇させるのに必要な熱量.カロリー(cal)は熱量の非 SI 単位である.かつては広く使われていたが,栄養学など特殊な用途以外では用いられていない.ここで,非 SI 単位は国際単位系(SI)に属さない単位であり,日本の計量法は SI 単位を基本としており,計量法でも熱量の単位は J である.

14   第 1 章 温 度 と 熱

【解答】　比熱 $c = 420$ J/(kg·K)，質量 $m = 1$ kg の物体が温度 $T_1 = 20 + T_0$ K から $T_2 = 100 + T_0$ K に変化するのに必要な熱量 Q は $Q = cm(T_2 - T_1)$ であるので，

$$Q = 420 \times 1 \times (100 - 20) = 3.36 \times 10^4 \text{ J} \tag{1.21}$$

である．□

例題 1.3

15℃ の 100 L の水の中に，100℃ に加熱した 200 g の金属を入れたところ，水と金属の温度は 30℃ になった．金属の比熱を求めよ．なお，水の比熱は 4.2×10^3 J/(kg·K) とし，熱は金属から水にのみ移ったとする．

【解答】　金属から水が得た熱量 Q は

$$Q = 4.2 \times 10^3 \times 100 \times (30 - 15) = 6.3 \times 10^3 \text{ J} \tag{1.22}$$

である．同じ量が金属から水に移動した熱量であるので，金属の比熱を c とすると，

$$Q = c \times 200 \times 10^{-3} \times (100 - 30) = 6.3 \times 10^3 \text{ J} \tag{1.23}$$

である．したがって，

$$c = \frac{6.3 \times 10^3}{0.2 \times 70} = 450 \text{ J/(kg·K)} \tag{1.24}$$

である．□

　熱が移動する方法として，熱伝導，対流，熱放射の 3 種類がある．まずは熱の本質を理解するために熱伝導について考えよう．

　物体を熱伝導で伝わる熱量 Q は，物体の大きさや両端の温度差などに依存している．図 1.8 に示すように，長さ L，断面積 S の棒状の物体の両端の温度が T_1, T_2 $(T_2 > T_1)$ である場合，時間 t の間に，この物体を伝わる熱量 Q は

$$Q = \kappa S \frac{T_2 - T_1}{L} t \tag{1.25}$$

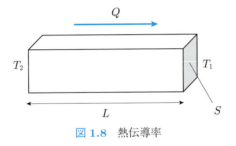

図 1.8 熱伝導率

で表される．比例定数 κ は**熱伝導率**とよばれ，熱の伝わりやすさを示す物理量である．

気体や液体などの流体においては，温度によって密度が変わることにより，流体が移動する．これを**対流**という．流体では，伝導よりも対流により熱は移動している．

熱伝導や対流は物体が存在しないと熱が移動しないが，ある物体が光や赤外線などの電磁波を放出して，他の物体が吸収することによって，真空中を熱が伝わることができる．この熱の移動を**熱輻射**という．物体から熱輻射で放出される電磁波の強度は波長に依存しており，プランクの熱輻射式で説明することができる．この式は，7.5 節において電磁波を量子力学と統計力学で取り扱うことにより導出する．

次章から熱力学的な系に熱を加えたり仕事をすることにより，どのような変化が起きるかを議論する．すなわち，示量変数を制御することで，熱力学的な系へ操作し，その結果で得られる情報から議論するわけである．つまり，熱力学的な系はブラックボックスで，中身はわからないという立場で議論を行う．熱力学的な系の中身については，第 4 章以降の気体分子運動論および統計力学で議論する．

演 習 問 題

演習 1.1 一般的な酸素ガスボンベとして，3.4 L，10 L，47 L の容器がある．販売されるときは 14.7 MPa の圧力で酸素ガスが充塡してある．それらの容器内の酸素ガスを同じ温度で 1 気圧 = 1013 hPa（大気圧）に放出したとすると体積はそれぞれ何 L になるか．

16　　　　　　　　第 1 章 温 度 と 熱

また，容器の耐圧である 250 kgf/cm² まで圧力を上げると，容器中の酸素ガスは何℃ まで加熱することができるか．ここで，1 kgf = 9.8 N であり，ガスボンベには 25℃ で充填したとする．

演習 1.2　ファン・デル・ワールスの状態方程式

$$p = \frac{RT}{V-b} - \frac{a}{V^2} \tag{1.26}$$

の変曲点を求めて臨界点における状態量 (p_c, V_c, T_c) を a, b, R を用いて表せ．

また，臨界点における値 (p_c, V_c, T_c) を用いて規格化したファン・デル・ワールスの状態方程式が

$$\left\{ \frac{p}{p_c} + \frac{3}{\left(\frac{V}{V_c}\right)^2} \right\} \left(\frac{V}{V_c} - \frac{1}{3} \right) = \frac{8}{3} \frac{T}{T_c} \tag{1.27}$$

となることを示せ．

演習 1.3　表 1.1 にあげた温度計はどのような特性を用いて温度を測定しているか．それぞれについて議論せよ．

演習 1.4　実在気体に対する状態方程式を展開式で表す方法がある．これをビリアル展開という．1 mol の実在気体に対するビリアル展開は

$$pV = RT \left(1 + \frac{A_2}{V} + \frac{A_3}{V^2} + \cdots \right) \tag{1.28}$$

または，

$$pV = RT \left(1 + B_2 p + B_3 p^2 + \cdots \right) \tag{1.29}$$

で表すことができる．$A_2, A_3, \ldots, B_2, B_3, \ldots$ は温度の関数でビリアル係数とよぶ．ファン・デル・ワールスの状態方程式 (1.15) をビリアル展開で表したときのビリアル係数 A_2 と A_3 を求めよ．

演習 1.5　鍋や皿が熱いときに鍋つかみを利用するのが便利なのは，布に含まれる空気の層の熱伝導が悪いからである．表面積が 5 cm × 1 cm で，厚さが 1 mm の空気の層の両側が温度差 5 K であるとき，1 秒あたり何 J の熱が移動するか求めよ．また，この熱で 10 g の銅の温度が 1 K 上昇するのにかかる時間を求めよ．なお，空気の熱伝導率を 0.025 W/(m·K)，銅の比熱を 380 J/(kg·K) として求めよ．

第2章

熱も含めたエネルギー保存則 （熱力学第1法則）

　　（古典）力学において保存力のみがはたらく場合は力学的エネルギーが保存することを学ぶ．摩擦力など非保存力がはたらく場合は力学的エネルギーは保存しないが，摩擦で発生する熱エネルギーまで考慮するとエネルギーは保存することになる．この章では，熱も含めたエネルギー保存則である熱力学第1法則を取り上げ，エネルギー保存則から比熱など色々な関係式が導かれることを考察しよう．

キーワード：内部エネルギー，熱力学第1法則，準静的変化，可逆変化，熱源，第1種永久機関，完全微分，熱容量，比熱，定積比熱，定圧比熱，エンタルピー，ジュール–トムソン効果，マイヤーの法則，断熱変化，ポアソンの式

2.1　熱力学第1法則

　　東インド会社の船医であったマイヤーは，熱帯地域を航海する際に水夫の静脈血が赤くなることに気づいた．血液中の酸素濃度が増えるからであるが，マイヤーは熱帯地域で体温を上げないため，酸素の消費が少なくなったためと考えた．この考察から，化学的作用，力学的仕事，熱などの総量は不変であるという，エネルギー保存という考え方に到達した．ある日，友人から「水はかきまぜただけで温度が上がるのか」と質問され，数週間後，「その通りです」と興奮して何度も答えたという．ジュールの実験の本質にすでに気がついていたわけである．残念ながら，当時はこの考え方は学界では認められなかった[1]．

---

　[1] マイヤー（J.R. von Mayer, 1814.11.25～1878.3.20, ドイツ）が証拠とした気温差で血液の色が変わるという事実はなく，血の色が変わる理由も生理学的には正しくない．しかし，熱の仕事当量の算出方法を論文に取り上げていることなどから，エネルギー保存則の発見者の1人とされている．

18　　第 2 章　熱も含めたエネルギー保存則（熱力学第 1 法則）

　エネルギー保存をより明確に実験で示したのは第 1 章でも紹介したジュール[2]である．ジュールはボルタ電池を使ったモーター駆動に関する効率を研究していたが，関心は電流による熱の発生に移った．そして，電流 I による単位時間あたりの発熱量 W は I^2 と電気抵抗 R に比例する（$W = I^2R$）というジュールの法則を発見した．これは，電池の化学反応（化学エネルギー）が，電流を流し（電気エネルギー），そして熱（熱エネルギー）に変わるというエネルギー間の形態の変化を表している．一方，電磁誘導により流れた電流も熱を発生することはできるので，発電機が運動から電流を発生させて熱を生んだと考えれば，運動エネルギーから熱エネルギーを生み出せるはずである．ジュールは，おもりの落下運動で水中のコイル（発電機）を回転させ，コイルの温度は上がらないが，流れた電流により熱が発生することを確かめた．さらに，ジュールは 1845 年に図 2.1 に示す実験装置により運動による仕事が熱に変換することを直接確かめ，関係を詳しく測定した．この実験をエネルギー保存則の観点から見てみよう．力学では，系に仕事を加えると力学的エネルギーが増加する．この実験では，取っ手を回して両側のおもりを持ち上げるという仕事により，おもりの位置エネルギーは増加する．取っ手を放すことにより，おもりは落下し，ひもで中心の棒を回転させることにより位置エネルギーは回転の運動エネルギーに変わる．中心の棒は容器内の羽根車に接続されており，水中の羽根を回転させ，羽根の運動が水の運動に変換し．水の運動は熱に変わっていく．装置の大きさや構造により水の摩擦を大きくできるので，おもりの落下速度や板の回転速度を小さくすることにより，おもりや板，水の運動エネルギーを無視することができる．その場合，おもりの落下による位置エネルギーが熱エネルギーに変わったとして熱の仕事当量を見出した．当初はこの研究成果は学界で認められなかったが，1847 年に英国科学振興協会でトムソン（後のケルヴィン卿）が重要性を指摘して，徐々に多くの科学者に認められるようになった．

　熱の発生によってエネルギーはどのように移り変わったのだろうか．第 1 章で説明したように，熱は仕事と等価であるので，系に熱を加えることによ

---

[2] ジュールは裕福な醸造家の次男として生まれた．病弱だったため学校にはいかず，自宅にて家庭教師について学習を行った．成人後は，大学の職などには就かずに，家業の醸造業を営むかたわら，自宅の一室を改造した研究室で研究を一生続けた．

2.1 熱力学第1法則

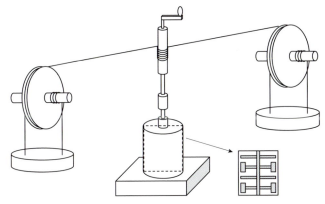

図 2.1 ジュールの実験．中央下部の円筒容器中に水が入っている．点線で囲まれた断面部分を矢印で示す．図のような形状の羽根車が水中に設置されている．両端下部のおもりが落下することにより，水中の羽根が回転し，水温が上昇する．

り，仕事を加えた場合と同様に，系のエネルギーが増加する必要がある．しかしながら，マクロに見た場合，系全体として運動エネルギーや位置エネルギーが変化したわけではない．別の何かのエネルギーが増加したと考え，このエネルギーを**内部エネルギー**とよぶことにする．内部エネルギーは系の状態によって定まる状態量であり，系の大きさに比例するので示量変数である．なお，力学における位置エネルギーが基準位置のとり方で任意性があったように，内部エネルギーも基準状態のとり方で任意性がある．内部エネルギーのミクロな視点での議論は第 4 章で行うが，簡単に説明すると，個々の原子・分子がもつ力学的エネルギーの総和である．系全体としてのマクロな力学的エネルギーがなくても，ミクロに個々の分子・原子がもっている力学的エネルギーは存在する．ピストンを押し込むなど容器の体積を変化させて個々の分子・原子に仕事をしたり，熱を加えたりすることにより，個々の分子・原子の力学的エネルギー，すなわち内部エネルギーを増加させることができる．この現象を次の経験則（**熱力学第 1 法則**）にまとめることができる．

20　第 2 章　熱も含めたエネルギー保存則（熱力学第 1 法則）

●**熱力学第 1 法則**　系を状態 1（始状態）から状態 2（終状態）へ変化させるとき，外から加えた仕事の総量 W と外から加えた熱の総量 Q の和は，内部エネルギーの増加量 $U_2 - U_1$ に等しい．これを熱力学第 1 法則とよび，次式で表される．

$$U_2 - U_1 = W + Q \tag{2.1}$$

　なお，内部エネルギーは状態量であるが，熱や仕事は系に対して定義される量ではなく，系に加えられたり減じられたりする量である．また，始状態と終状態が決まっていても，物体に加える仕事や熱量は個々には決まらないので状態量ではない．また，熱力学第 1 法則には内部エネルギーは変化量としてのみ現れるので，基準状態のとり方にはよらない．

2.2 準 静 的 変 化

　気体の体積を急激に変化させたり，一部分に熱を加えたりすると，物体の圧力や温度が一様でなくなり，熱平衡状態ではなくなる．熱平衡でない状態を扱うのは非常に難しい．そのため，全体の平衡状態を保ったまま無限にゆっくりと進む仮想的な操作（過程）を考え，これを**準静的変化**，もしくは準静的過程とよぶ[3]．例えば，気体を準静的に圧縮する場合を考えよう．気体をシリンダーに入れて，ピストンの上におもりをのせて圧縮している．少しずつおもりを追加していくことにより圧縮することができる．加えるおもりを無限に小さなおもりにすることにより，無限小の圧力差で平衡状態を保ったままの変化を考える．これが，無限にゆっくり圧縮する仮想的な過程である．逆におもりを少しずつ減らしていけば，逆の過程を実施することができる．すなわち，準静的変化は**可逆変化**でもある．なお，摩擦力がシリンダーとピストンの間にはたらく場合は，気体とピストンにかかる圧力差が常に存在し，平衡状態とはならないので，無限にゆっくり変化させた場合でも準静的変化とはよばない．この

---

　3) 単に「無限にゆっくりと進む過程」を準静的過程とする定義もあるが，同じ段落の最後で説明するように不可逆変化となる場合があり，可逆過程とは同義とはならない．このことは戸田昭彦著，「準静的過程とは：可逆過程との違いについて」[10]で詳しく議論している．

2.2 準静的変化 21

圧力差による仕事が摩擦熱として発生し，不可逆変化となる．

　熱を加える場合も準静的な変化を考えることにより，系を熱平衡状態に保ち，温度などが一様な状態で考えることが可能になる．特に温度一定の状態に保ちながら熱の出入りを許す源として，**熱源**を考えることとする．仮想的には熱容量が無限に大きく，熱量の出入りがあっても，温度が変わらない物体を熱源と考えればよい．

　本書で取り扱う可逆変化は準静的変化のみとする．準静的変化は無限の時間が必要になるので，現実的ではないように思われるかもしれないが，仕事や熱の変化に比べて熱平衡になる時間がはるかに短い場合は，準静的変化とみなしてもよい場合が多い．

　1つの系の状態を表す状態量としては，圧力 p，体積 V，温度 T，物質量 n などがあるが，物質（原子，分子）の移動がないとすると，n は一定であり，変化する状態量は p, V, T となる．1.3 節で説明したように，1成分であれば独立な状態量は2個である[4]．例えば，V と T が決まると式 (1.11) より p が一意に決まることになる．準静的過程では状態量を常に定義できるので，以下では2つの状態量の変化を定義して，仕事を求めることとする．

● **準静的等圧変化**　図 2.2 に示すようにピストンに閉じ込められた気体を考える．平衡状態であるので，気体の圧力による力とピストンとその上のおもりによる力[5]はつり合っており，気体の圧力 p は一定である．この状態で，熱を加えると気体は膨張する．シリンダーの断面積を S とするとシリンダー部分にはたらく力は pS で一定である．気体が膨張しシリンダーの高さが Δx だけ高くなったとすると，その間の仕事は力と長さの積で求めることができる．ただし，この仕事は気体が外部（ピストンを押している力）に逆らって行う仕事なので，外部から気体に対して行う仕事を正とすると，膨張過程では負の仕事となる．$S\Delta x$ が気体の体積の増加分 ΔV であることに注意すると，体積変化 ΔV における等圧変化での外部から気体に加えた仕事 ΔW および，V_1 から V_2 に体積が変化したときの仕事 W は次式で表される．

---

　4) ここでは電場や磁場などが外部から加えられている場合は考えない．
　5) ピストンの外部の大気も考える必要がある場合は，大気圧による力も加える必要がある．

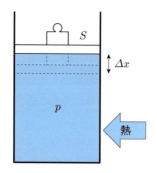

図 2.2 一定圧力下での加熱による膨張．シリンダーの断面積が S である．気体の圧力 p とつり合っているピストンを押す力は一定としている．

$$\Delta W = -pS\Delta x = -p\Delta V \tag{2.2}$$

$$W = p(V_1 - V_2) \tag{2.3}$$

● **準静的等温変化**　ピストンに閉じ込められた気体を温度 T の熱源に接して，一定温度に保った状態で，外部からの力を増して，気体を圧縮した場合を考える．シリンダーが長さ Δx (< 0) だけ圧縮されたとすると，体積が減少するので $\Delta V = S\Delta x$ (< 0)，微小変化に対する仕事 ΔW は等圧変化と同じ式 $\Delta W = -p\Delta V$ で示される．一方，等温変化では圧力は一定ではなく変化するが，状態方程式から圧力を決めることができる．n mol の理想気体とすると状態方程式は $pV = nRT$ であるので，微小仕事は

$$\Delta W = -\frac{nRT}{V}\Delta V \tag{2.4}$$

と表すことができる．さらに積分を用いることによって V_1 から V_2 に体積が変化したときの仕事 W は次式で表される．

$$W = \sum \Delta W = -\int_{V_1}^{V_2} \frac{nRT}{V} dV$$
$$= -nRT \left[\log V\right]_{V_1}^{V_2} = nRT \log \frac{V_1}{V_2} \tag{2.5}$$

外部からエネルギーを供給することなしに仕事を取り出す装置があれば，エネルギー問題を解決する夢の装置となる．このような装置は**永久機関**とよば

2.3 完 全 微 分　　**23**

れ，昔から多くの人が永久機関をつくろうと努力してきた．現在までに永久機関の作製に成功した例はなく，そのことがエネルギー保存則などの証明にもなっている．熱力学第1法則に反して外部から仕事や熱など何も供給することなく無限に仕事をすることができる装置を**第1種永久機関**という．つまり，熱力学第1法則は，第1種永久機関は実現不可能であることを主張している．

2.3 完 全 微 分

1.3節で説明したように1成分の系であれば独立な状態量は2個であり，他の状態量はこの2つの状態量の関数となることを説明した．この節では独立な2変数の関数に対する数学的な取扱いを説明する．後で内部エネルギーなど熱力学における様々な物理量について議論する．

2変数xとyのスカラー関数$f(x,y)$が存在して，x,yがそれぞれ微小量$\Delta x, \Delta y$だけ変化することにより関数fの変化量Δfは次のように示すことができる．

$$\Delta f = f(x+\Delta x, y+\Delta y) - f(x,y) \tag{2.6}$$

これを変形すると，

$$\begin{aligned}
\Delta f &= f(x+\Delta x, y+\Delta y) - f(x, y+\Delta y) \\
&\quad + f(x, y+\Delta y) - f(x,y) \\
&= \frac{f(x+\Delta x, y+\Delta y) - f(x, y+\Delta y)}{\Delta x}\Delta x \\
&\quad + \frac{f(x, y+\Delta y) - f(x,y)}{\Delta y}\Delta y
\end{aligned} \tag{2.7}$$

となる．$\Delta x, \Delta y$を無限小にする極限では，

$$df = \frac{\partial f(x,y)}{\partial x}dx + \frac{\partial f(x,y)}{\partial y}dy \tag{2.8}$$

と書ける．この微分をfの**完全微分**とよぶ．

一般的に，

$$A(x,y)dx + B(x,y)dy \tag{2.9}$$

24　第 2 章　熱も含めたエネルギー保存則（熱力学第 1 法則）

が完全微分である必要十分条件は，

$$\frac{\partial A(x,y)}{\partial y} = \frac{\partial B(x,y)}{\partial x} \tag{2.10}$$

である．すなわち，

$$A(x,y) = \frac{\partial f(x,y)}{\partial x}, \quad B(x,y) = \frac{\partial f(x,y)}{\partial y} \tag{2.11}$$

が成り立つ関数 $f(x,y)$ が存在する．一方，

$$\frac{\partial A(x,y)}{\partial y} \neq \frac{\partial B(x,y)}{\partial x} \tag{2.12}$$

であれば，式 (2.9) は完全微分ではなく，式 (2.11) を満たす f は存在しない．ただし，2 変数であれば，**積分因子** $C(x,y)$ とよばれる適切な関数を選べば，

$$C(x,y)A(x,y) = \frac{\partial f(x,y)}{\partial x}, \quad C(x,y)B(x,y) = \frac{\partial f(x,y)}{\partial y} \tag{2.13}$$

となる関数 f を見つけることができるので，

$$\begin{aligned}
df &= C(x,y)A(x,y)dx + C(x,y)B(x,y)dy \\
&= \frac{\partial f(x,y)}{\partial x}dx + \frac{\partial f(x,y)}{\partial y}dy
\end{aligned} \tag{2.14}$$

が完全微分となる．

　内部エネルギーの話に戻そう．体積 V を一定に保ち，準静的に熱を加えて温度を ΔT だけ上昇させると，内部エネルギーは $U(T+\Delta T, V)$ となる．このときの温度変化の割合は偏微分係数として求めることができる．

$$\frac{\partial U(T,V)}{\partial T} = \lim_{\Delta T \to 0} \frac{U(T+\Delta T, V) - U(T,V)}{\Delta T} \tag{2.15}$$

同様に V に関する偏微分は

$$\frac{\partial U(T,V)}{\partial V} = \lim_{\Delta V \to 0} \frac{U(T, V+\Delta V) - U(T,V)}{\Delta V} \tag{2.16}$$

となる．したがって，ΔT と ΔV による U の変化量 ΔU は

$$\Delta U = \frac{\partial U(T,V)}{\partial T}\Delta T + \frac{\partial U(T,V)}{\partial V}\Delta V \tag{2.17}$$

であり，U の完全微分は次式となる．

$$dU = \frac{\partial U(T, V)}{\partial T} dT + \frac{\partial U(T, V)}{\partial V} dV \tag{2.18}$$

独立な変数が何であるかを $U(T, V)$ のように毎回書くのをさけるために，熱力学では

$$\frac{\partial U(T, V)}{\partial T} = \left(\frac{\partial U}{\partial T}\right)_V, \quad \frac{\partial U(T, V)}{\partial V} = \left(\frac{\partial U}{\partial V}\right)_T \tag{2.19}$$

と一定となる物理量を下つきで示して，偏微分する際に一定とおいている変数を示すことが多い．本書でも同じ表現を使うこととする．この表現方法で式 (2.17) と式 (2.18) を書きなおすと，

$$\Delta U = \left(\frac{\partial U}{\partial T}\right)_V \Delta T + \left(\frac{\partial U}{\partial V}\right)_T \Delta V \tag{2.20}$$

$$dU = \left(\frac{\partial U}{\partial T}\right)_V dT + \left(\frac{\partial U}{\partial V}\right)_T dV \tag{2.21}$$

となる．

── 例題 2.1 ──

理想気体の状態方程式を用いて V の完全微分を示せ．

【解答】 式 (1.5) から，$V = \frac{nRT}{p}$ となるので，

$$\left(\frac{\partial V}{\partial p}\right)_T = -\frac{nRT}{p^2}, \quad \left(\frac{\partial V}{\partial T}\right)_p = \frac{nR}{p} \tag{2.22}$$

である．したがって，V の完全微分は

$$\begin{aligned}
dV &= \left(\frac{\partial V}{\partial p}\right)_T dp + \left(\frac{\partial V}{\partial T}\right)_p dT \\
&= -\frac{nRT}{p^2} dp + \frac{nR}{p} dT \\
&= \frac{nRT}{p}\left(-\frac{dp}{p} + \frac{dT}{T}\right) = V\left(-\frac{dp}{p} + \frac{dT}{T}\right)
\end{aligned} \tag{2.23}$$

となる． □

26　　第 2 章　熱も含めたエネルギー保存則（熱力学第 1 法則）

2.4 比　　熱

1.5 節で説明した通り，温度を 1 度上げるのに必要な熱量を**熱容量**とよぶ．また，1.5 節では単位質量あたりの比熱のみを取り上げたが，より一般的には単位量あたりの熱容量を**比熱**とよぶ．比熱には単位質量あたり，単位体積あたり，単位物質つまり 1 mol あたりなど色々ある．この節では特に断らない限り 1 mol の物体に対して議論することとし，熱容量 C はモル比熱と同値であり，単に比熱とよぶこととする．

熱力学第 1 法則を表す式 (2.1) を状態 1 と状態 2 を近づけた微小変化で示すと，

$$\Delta U = \Delta W + \Delta Q \tag{2.24}$$

となる．熱容量 C は 1 度上げるのに必要な熱量であるので，ΔT だけ温度を上げるのに必要な熱量が ΔQ の場合，

$$C = \frac{\Delta Q}{\Delta T} = \frac{\Delta U}{\Delta T} - \frac{\Delta W}{\Delta T} \tag{2.25}$$

となる．ΔT を 0 に近づける極限で微分となる．ただし，熱量 Q や仕事 W は状態量ではないので，T や V の関数として表すことはできない．したがって，$\left(\frac{\partial Q}{\partial T}\right)_V$ や $\left(\frac{\partial W}{\partial V}\right)_T$ と書くことはできない．ゆえに，全微分も存在しないので，dQ や dW を使わずに $d'Q$ や $d'W$ を使うこととする．準静的変化の場合，仕事の微小量が $\Delta W = -p\Delta V$ であることから，

$$d'W = -pdV \tag{2.26}$$

と表現することにする．したがって，熱力学第 1 法則は

$$dU = d'Q - pdV \tag{2.27}$$

とも表現できる．

一定体積のもとでの比熱を**定積比熱** C_V という．

$$C_V = \left(\frac{\Delta Q}{\Delta T}\right)_V \tag{2.28}$$

2.4 比　　熱　　27

式 (2.24) を用いると,

$$C_V = \left(\frac{\Delta U - \Delta W}{\Delta T} \right)_V = \left(\frac{\Delta U}{\Delta T} \right)_V \tag{2.29}$$

となる. ここで, 一定体積のもとでは仕事がゼロであること ($\Delta W = 0$) を用いた. したがって, $\Delta T \to 0$ の極限をとることで,

$$C_V = \left(\frac{\partial U}{\partial T} \right)_V \tag{2.30}$$

となる.

一定圧力のもとでの比熱を**定圧比熱** C_p という.

$$C_p = \left(\frac{\Delta Q}{\Delta T} \right)_p \tag{2.31}$$

式 (2.24) と式 (2.20) を用いると

$$\Delta Q = \Delta U - \Delta W = \Delta U + p \Delta V \tag{2.32}$$

$$= \left(\frac{\partial U}{\partial T} \right)_V \Delta T + \left(\frac{\partial U}{\partial V} \right)_T \Delta V + p \Delta V \tag{2.33}$$

となる. 式 (2.30) を用いると

$$\Delta Q = C_V \Delta T + \left\{ \left(\frac{\partial U}{\partial V} \right)_T + p \right\} \Delta V \tag{2.34}$$

となる. したがって, 定圧比熱は

$$C_p = \left(\frac{\Delta Q}{\Delta T} \right)_p = C_V + \left\{ \left(\frac{\partial U}{\partial V} \right)_T + p \right\} \left(\frac{\Delta V}{\Delta T} \right)_p \tag{2.35}$$

となる. 圧力一定のもとで ΔT を無限に小さくした場合が T での偏微分であるので,

$$C_p = C_V + \left\{ \left(\frac{\partial U}{\partial V} \right)_T + p \right\} \left(\frac{\partial V}{\partial T} \right)_p \tag{2.36}$$

である．微小量は四則演算であれば気楽に行うのに，微分で書かれると取扱いに悩んでいる学生が多い．このように微小量から微分や偏微分にもっていくことができるので，微分や偏微分でも微小量に置き換えて考えてみるといいだろう．

例題 2.2

一定圧力で温度を1度上げたときの体積の増加の割合を**体膨張率**とよぶ．体膨張率 α を式で表せ．また，理想気体の体膨張率を求めよ．

【解答】 一定圧力で温度1度あたりの体積変化であるので，圧力固定で温度で偏微分することに対応する．また，増加の割合なので，体積で規格化することになり，α は次式となる．

$$\alpha = \frac{1}{V} \left(\frac{\partial V}{\partial T} \right)_p \tag{2.37}$$

理想気体の状態方程式 $pV = nRT$ を用いると

$$\left(\frac{\partial V}{\partial T} \right)_p = \left(\frac{\partial \left(\frac{nRT}{p} \right)}{\partial T} \right)_p = \frac{nR}{p} \tag{2.38}$$

となるので，

$$\alpha = \frac{1}{V} \frac{nR}{p} = \frac{nR}{nRT} = \frac{1}{T} \tag{2.39}$$

である． □

C_V の表式から，一定体積における過程では系に加えられる熱量は内部エネルギーの変化量に等しいことがわかる．同様に，一定圧力のもとでの熱量を導くことができる状態量を考えたい．そのために導入された状態量が**エンタルピー** H である．エンタルピーは

$$H = U + pV \tag{2.40}$$

で定義される．実際，エンタルピーの微小変化量は

$$\Delta H = \Delta U + V\Delta p + p\Delta V \tag{2.41}$$

であるが，一定圧力（$\Delta p = 0$）では，

$$\Delta H = \Delta U + p\Delta V \tag{2.42}$$

となる．これは C_p を求める際の式 (2.32) と一致している．

$$\Delta H = \Delta Q \quad (p = \text{一定}) \tag{2.43}$$

ゆえに，

$$C_p = \left(\frac{\partial H}{\partial T}\right)_p \tag{2.44}$$

である．このように，エンタルピーは一定圧力で用いる際に便利な量である．p と T を独立変数とすると H の全微分の式は

$$dH = \left(\frac{\partial H}{\partial T}\right)_p dT + \left(\frac{\partial H}{\partial p}\right)_T dp \tag{2.45}$$

であるので，一定圧力 $dp = 0$ では，$dH = C_p dT$ である．

2.5 気体の内部エネルギー

　ジュールは熱力学第 1 法則を支持する実験のひとつとして，熱の出入りがない状態で気体に仕事をせずに膨張させた場合は，温度が変化しないことを確かめていた．実際の実験は図 2.3 のように，断熱された箱の中に閉じたバルブでつないだ 2 つの容器を入れ，箱を水で満たしておく．容器 1 には気体をつめ，容器 2 は真空にしておく．バルブを開けると気体は容器 1 から容器 2 に流入し，しばらくたつと熱平衡状態になる．このとき，系の温度は変化しな

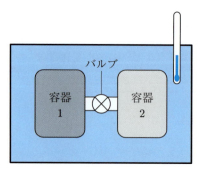

図 2.3 ジュールの実験. 容器 1 と 2 がバルブでつながり, 水で満たされた断熱材の箱の中に入っている.

かった[6]).

この場合, 気体分子は容器を押したり, 押されたりしないので, 仕事はしない. また, 断熱されており, 水の温度も変化していないので熱の出入りもない. したがって, 内部エネルギーの変化量 ΔU は

$$\Delta U = W + Q = 0 \tag{2.46}$$

である. 内部エネルギーの全微分を表す式 (2.21) から

$$dU = \left(\frac{\partial U}{\partial T}\right)_V dT + \left(\frac{\partial U}{\partial V}\right)_T dV = C_V dT + \left(\frac{\partial U}{\partial V}\right)_T dV = 0 \tag{2.47}$$

となる. 実験結果として温度変化がなかったので, $dT = 0$ である. 気体の体積は変化しているので, $dV \neq 0$ であることを考えると,

$$\left(\frac{\partial U}{\partial V}\right)_T = 0 \tag{2.48}$$

となる. つまり, 内部エネルギーは体積によらず温度だけの関数となる. ゆえに, C_V も温度だけの関数 $C_V(T)$ となり,

---

[6]) この実験は少量の気体を用いて行われた. 後に, ジュールとトムソンは管の途中に綿栓をつめ, 定常的に気体が流れるようにして, 栓の両側の圧力を一定にする実験 (ジュール – トムソンの (細孔栓の) 実験) を行い, 後述するジュール – トムソン効果を発見している.

$$U = \int_{T_0}^{T} C_V(T)dT + 定数 \tag{2.49}$$

で内部エネルギーを求めることができる．なお，この関係は実在気体では近似的にしか成立しない．理想気体に対しては厳密に成り立つと仮定する．

実在気体では，分子間の相互作用が存在するため異なる結果となる．実際，ガスボンベから気体が放出され膨張することにより気体の温度が下がる．つまり，内部エネルギーが変化したことを表している．この温度が下がる現象はジュール－トムソン効果として知られている．原因は分子間の相互作用であり，膨張する際に，引力がある中で遠く離れるために仕事をするからである．（ジュール－トムソン効果は章末問題でも議論する．）

式 (2.36) を変形して，定圧比熱と定積比熱の差を求めると，

$$C_p - C_V = \left\{ \left(\frac{\partial U}{\partial V}\right)_T + p \right\} \left(\frac{\partial V}{\partial T}\right)_p \tag{2.50}$$

となる．式 (2.48) と，モル比熱なので $n = 1$ の理想気体状態方程式 $pV = RT$ を用いると，

$$C_p - C_V = \{0 + p\} \frac{R}{p} = R \tag{2.51}$$

となる．この関係式はマイヤーの法則という．左辺は定圧比熱と定積比熱の差であり，それは，一定圧力で 1 mol の気体の温度を 1 度上げる際にする仕事に相当する．理想気体の状態方程式から

$$p\Delta V = p\frac{1 \cdot R \cdot 1}{p} = R \tag{2.52}$$

に対応していることがわかる．つまり，式 (2.51) の左辺は熱量に関する式であり，右辺は仕事に関する量であるので，熱の仕事当量に関係する．マイヤーはジュールの実験より前にこの関係式に気づき，熱の仕事当量を求めていた．

32　第 2 章　熱も含めたエネルギー保存則（熱力学第 1 法則）

2.6 断 熱 変 化

　熱の出入りがない状態（断熱状態）での過程を**断熱変化**とよぶ．準静的変化での断熱変化の条件は

$$d'Q = dU + pdV = 0 \tag{2.53}$$

である．

　1 mol の理想気体の場合，$dU = C_V dT$ であり，状態方程式から $p = \frac{RT}{V}$ であるから，

$$d'Q = C_V dT + \frac{RT}{V} dV = 0 \tag{2.54}$$

となる．したがって，

$$dT = -\frac{RT}{C_V V} dV \tag{2.55}$$

である．$C_V > 0$ であるので，断熱変化では膨張時（$dV > 0$）は温度が低下（$dT < 0$）し，圧縮時（$dV < 0$）は温度が上昇（$dT > 0$）する．つまり，仕事が内部エネルギーの増減に直結し，温度が変化する．式 (2.54) の両辺を T で割ると，

$$\frac{d'Q}{T} = C_V \frac{dT}{T} + \frac{R}{V} dV = 0 \tag{2.56}$$

となる．C_V が一定とみなせる温度範囲では，積分して

$$C_V \log T + R \log V = \text{定数} \tag{2.57}$$

である．マイヤーの法則 $C_p - C_V = R$ と比熱比 γ

$$\gamma = \frac{C_p}{C_V} \tag{2.58}$$

を用いると，

$$\frac{R}{C_V} = \frac{C_p - C_V}{C_V} = \gamma - 1 > 0 \tag{2.59}$$

であるので，

2.6 断熱変化

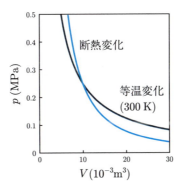

図 2.4　1 mol の理想気体に対する等温変化（300 K）と断熱変化（$\gamma = \frac{5}{3}$）の p-V 図

$$\log T + (\gamma - 1) \log V = 定数 \tag{2.60}$$

$$\log \left(T V^{\gamma-1} \right) = 定数 \tag{2.61}$$

$$T V^{\gamma-1} = 定数 \tag{2.62}$$

となる．つまり，状態 1 (T_1, V_1) から状態 2 (T_2, V_2) に断熱変化で変わったとすると，

$$T_2 V_2^{\gamma-1} = T_1 V_1^{\gamma-1} \tag{2.63}$$

$$\frac{T_2}{T_1} = \left(\frac{V_1}{V_2} \right)^{\gamma-1} \tag{2.64}$$

が成り立つことになる．

状態方程式 $pV = RT$ を代入すると，

$$\frac{pV}{R} V^{\gamma-1} = 定数 \tag{2.65}$$

$$pV^\gamma = 定数 \tag{2.66}$$

となる．これを**ポアソンの式**という．

p-V グラフに等温変化である $pV = 一定$ のグラフと断熱変化の $pV^\gamma = 一定$ のグラフを描くと図 2.4 からもわかるように，断熱変化の方が急である．

34　第2章　熱も含めたエネルギー保存則（熱力学第1法則）

――― 例題 2.3 ―――

20℃の空気に圧力をかけ，準静的かつ断熱的に体積を10分の1に圧縮したとき，温度は何度になるか．ただし，空気の比熱比を1.4とする．

【解答】　式 (2.64) を T_2 を求める式に変形すると，

$$T_2 = T_1 \left(\frac{V_1}{V_2} \right)^{\gamma - 1} \tag{2.67}$$

となる．$T_1 = 273 + 20$ K，$V_2 = \frac{V_1}{10}$，$\gamma = 1.4$ を代入して，

$$T_2 = (273 + 20) \times 10^{1.4 - 1}$$
$$= 736 \text{ K} = 463℃ \tag{2.68}$$

となる．　　　　　　　　　　　　　　　　　　　　　　　　　　　□

演 習 問 題

演習 2.1　状態方程式が

$$pV = nRT \left(1 + \frac{B}{V} \right) \tag{2.69}$$

で表される気体に対して，体積 V_1 から2倍の $2V_1$ に準静的に等温膨張させるとき，気体が外に対してする仕事を求めよ．

演習 2.2　磁性体に磁場を印加し，磁化させる際に，必要な仕事を求めよう．簡単のため磁性体内で磁場 $\boldsymbol{H}$，磁化 $\boldsymbol{M}$ は一様であるとする．磁性体の単位体積あたり，磁化を0から $\boldsymbol{M}$ まで増やすために必要な仕事は，

$$W = \int_0^{\boldsymbol{M}} \boldsymbol{H} \cdot d\boldsymbol{M} \tag{2.70}$$

であることを示せ．なお，この式は MKSA 単位系の $\boldsymbol{E}$-$\boldsymbol{H}$ 対応（$\boldsymbol{B} = \mu_0 \boldsymbol{H} + \boldsymbol{M}$）や CGS-ガウス単位系（$\boldsymbol{B} = \boldsymbol{H} + 4\pi\boldsymbol{M}$）のような，磁束密度 $\boldsymbol{B}$ と磁化 $\boldsymbol{M}$ が同じ次元のときに成り立つ式である．MKSA 単位系の $\boldsymbol{E}$-$\boldsymbol{B}$ 対応（$\boldsymbol{B} = \mu_0 \boldsymbol{H} + \mu_0 \boldsymbol{M}$）の場合は真空の透磁率 μ_0 を掛ける必要がある．

演習 2.3 ジュール–トムソンの細孔栓の実験を次の条件（図 2.5 参照）で解析しよう．両側にピストンがついたシリンダーの中央に細孔栓（多孔質の壁）を設置する．シリンダーやピストンは断熱材でつくられ，外部からの熱の流入はないものとする．気体は細孔栓をゆっくりと通過し運動エネルギーを失うものとする．始めに細孔栓の左側に体積 V_1，圧力 p_1 の気体があり，細孔栓の右側には気体は全くないものとする．細孔栓の左側の気体の圧力を p_1 に，細孔栓の右側の気体の圧力を p_2 ($< p_1$) に保ちつつ，ピストンを押して，細孔栓の左側の体積を 0，右側の体積が V_2 になったとする．この過程でエンタルピーが保存されることを示せ．

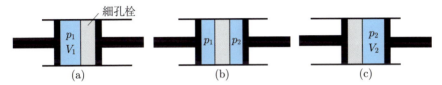

図 2.5 ジュール–トムソンの細孔栓の実験．(a) の状態から始めて，細孔栓の左側と右側の圧力を p_1 と p_2 の (b) の状態を保ったまま，(c) の状態にする過程を考える．

演習 2.4 断熱自由膨張，定圧圧縮，定積加熱で構成される循環過程を**マイヤーのサイクル**という．マイヤーのサイクルとして図 2.6 に示すように，圧力 p_1，体積 V_1 の 1 mol の理想気体を断熱自由膨張で体積 V_2 にして，定圧圧縮で体積 V_1 まで圧縮し，定積加熱で最初の状態に戻す場合を考える．（断熱自由膨張は熱平衡状態を保っていないので，図では破線で表している．）このサイクルの熱や仕事の出入りからマイヤーの法則を導け．なお，比熱は温度や圧力には依存しないものとする．

演習 2.5 一様な常磁性体における定磁場比熱（磁場を一定に保つ過程での比熱）が，

$$C_H = \left(\frac{\partial U}{\partial T}\right)_H - H\left(\frac{\partial M}{\partial T}\right)_H \tag{2.71}$$

で与えられることを示せ．なお，ここでは，MKSA 単位系の $\boldsymbol{E}$-$\boldsymbol{H}$ 対応を用いる．一様な常磁性体であるので $\boldsymbol{B}, \boldsymbol{H}, \boldsymbol{M}$ の方向はすべて同じであり，それぞれの大きさに対して，$B = \mu_0 H + M$ が成り立つ．U, T, H, M, B, μ_0 は，それぞれ磁性体の内部エネルギー，絶対温度，磁場，磁化，磁束密度，真空の透磁率である．磁化による体積変化は無視できるものとする．

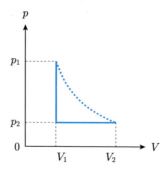

図 2.6 マイヤーのサイクル．(p_1, V_1) の状態から断熱自由膨張で (p_2, V_2) へ，定圧圧縮で (p_2, V_1) へ，定積加熱で (p_1, V_1) の状態にする循環過程である．

第3章

熱機関の最大の効率
（熱力学第2法則）

　産業革命では蒸気機関の開発・改良による動力源の刷新により，生産性が格段に上がった．それとともに，熱からいかに効率よく仕事を取り出すことができるかが関心事となった．つまり，熱機関の効率をどこまで上げることができるかということである．このとき，大きな功績をあげたのがカルノーである．彼が考えたカルノーサイクルにより，熱機関の効率に限度（最大値）があることを示したのである．熱力学第2法則は熱の流れに関する不可逆性を示す経験則であるが，それにより熱源の温度で最大の効率が求められることを説明している．熱をすべて仕事にかえる効率100%の第2種永久機関は存在しないことになる．

キーワード：循環過程，熱機関の効率，カルノーサイクル，第2種永久機関，熱力学第2法則，トムソンの表現，クラウジウスの表現，カルノーの定理，エントロピー，クラウジウスの不等式，エントロピー増大の法則，熱力学関数（熱力学ポテンシャル），マクスウェルの関係式

3.1　熱機関の効率

　1712年に実用化されたニューコメン[1]の蒸気機関による排水ポンプのおかげで，石炭の炭坑に溜まる地下水を装置により排水することができ，石炭の生産は増えた．1765年にワット[2]が蒸気機関を改良し効率は非常によくなった．

---

[1] ニューコメンはボイラーで加熱して発生した水蒸気をシリンダーに導入した後で，冷却水をシリンダー内に噴射して蒸気を凝縮させて負圧とすることで，大気圧で押し下げられたピストンとビーム（大きなてこ）を通して接続している排水ポンプを動作させる蒸気機関を発明した．

[2] ワットはシリンダーとは別にチャンバー（復水器）を導入し，シリンダーの温度を下げずに動作する蒸気機関を開発した．

38　　第 3 章　熱機関の最大の効率（熱力学第 2 法則）

さらに，1781 年にピストン運動から円運動に転換させることに成功し，機械などの動力だけでなく，蒸気機関車など交通手段にも広く利用されるようになった．

これらの機関は熱を仕事に変えるものであり，**熱機関**という．熱機関は繰り返して仕事をするため，一通りの過程の後，もとに戻る必要がある．熱機関で用いられる液体や気体の**作業物質**は，熱機関の運転を通して膨張したり圧縮したり，加熱したり冷却したりされるが，1 周期の後にはもとの状態に戻る．このように繰り返し変化する過程を循環過程あるいは**サイクル**という．

1 サイクルでもとの状態に戻るので，内部エネルギーの変化はない．したがって，熱力学第 1 法則から 1 サイクルにおいて熱機関が外部にした正味の仕事 W と吸収した正味の熱量は同じ量である必要がある．ここで，外部にした正味の仕事とは，熱機関が外部にした仕事から外部から加えられた仕事を引いた量である[3]．また，吸収した正味の熱量とは，熱機関に外部から加えられた熱量 Q_in から外部に放出した熱量 Q_out を引いた量である．したがって，

$$W = Q_\mathrm{in} - Q_\mathrm{out} \tag{3.1}$$

となる．

熱機関が 1 サイクルの間に受け取った熱量のうち，どれだけ仕事として取り出せるかが**熱機関の効率** η であるので，

$$\eta = \frac{W}{Q_\mathrm{in}} \tag{3.2}$$

と定義される．なお，Q_in は熱機関に加えた熱量の和であり，熱機関から放出された熱量は考慮しない．$\eta > 1$ となる熱機関は，$W - Q_\mathrm{in}$ を使って次のサイクルを動かすことができ，外部から何も供給せずに仕事を生み出せるので，第 1 種永久機関となる．熱力学第 1 法則より第 1 種永久機関は存在しないので，$0 \leq \eta \leq 1$ である必要がある．

---

[3] 熱力学第 1 法則で用いた式 (2.1) の仕事 W は外部から加えられた仕事であるので，符号が異なることに注意する必要がある．

3.2 カルノーサイクル

カルノー[4]は図 3.1 に示すような 4 つの準静的過程で構成されたサイクル（**カルノーサイクル**）を考え，熱機関の効率を考察した[5]．

(1) 等温膨張 A $(T_2, V_A, p_A) \to$ B (T_2, V_B, p_B)
　　温度 T_2 の高温熱源に接して等温で膨張させる．作業物質は高温熱源から熱量 Q_2 を得る．この過程において作業物質は，図 3.1 の p-V 図における面積 ABB'A' で与えられる仕事を外部にする．

(2) 断熱膨張 B $(T_2, V_B, p_B) \to$ C (T_1, V_C, p_C)
　　熱源とは切り離し断熱的に膨張させる．したがって，熱の出入りはない．この過程において作業物質は，面積 BCC'B' で与えられる仕事を外部にする．

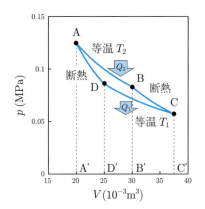

図 3.1　カルノーサイクル．1 mol の理想気体を作業物質とし，20 L，300 K を状態 A として，30 L を状態 B，37.5 L を状態 C として計算した．詳細は第 4 章で説明するが，単原子分子の理想気体を想定し，$\gamma = \frac{5}{3} = 1.66$ を用いた．

---

[4] カルノー（N.L.S. Carnot, 1796.6.1～1832.8.24, フランス）は，1789 年のフランス革命後のフランス軍の制度改革を主導した軍人および数学者でもある L.N.M. Carnot の長男であり，本人も王政復古下の軍隊に軍人として何度か属している．

[5] カルノーは 1823 年に「火の動力，および，この動力を発生させるに適した機関についての考察」を出版し，カルノーサイクルなどを熱素説で説明しているが，後に熱の運動論に傾いていったようである．ただし，カルノーの仕事はすぐには正しく評価されなかった．1840 年代にトムソン（ケルヴィン卿）が紹介することにより世に知られることとなった．

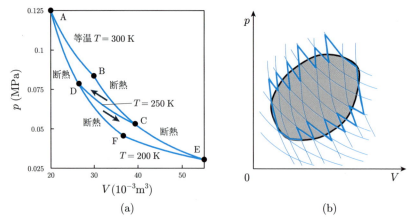

図 **3.2** (a) ABCDA のカルノーサイクルと DCEFD カルノーサイクルを組み合わせると，ABEFA のカルノーサイクルになる．(b) 任意の準静的サイクルを多数のカルノーサイクルで構成する例．細い実線が等温過程と断熱過程であり，灰色で示したサイクルを等温過程と断熱過程の組合せで近似している．もっと多くのカルノーサイクルで構成することにより，灰色で示したサイクルに近づけることができる．

(3) 等温圧縮 C $(T_1, V_C, p_C) \to$ D (T_1, V_D, p_D)

温度 T_1 の低温熱源に接して等温で圧縮させる．作業物質は低温熱源に熱量 Q_1 を放出する[6]．この過程において作業物質は，面積 DCC'D' で与えられる仕事を外部から受ける．

(4) 断熱圧縮 D $(T_1, V_D, p_D) \to$ A (T_2, V_A, p_A)

熱源とは切り離し断熱的に圧縮させる．したがって，熱の出入りはない．この過程において作業物質は，面積 ADD'A' で与えられる仕事を外部から受ける．

カルノーサイクルは 2 つの熱源を用いた比較的簡単なサイクルである．しかしながら，図 **3.2**(a) に示すように異なる熱源を用意して，2 つのカルノーサイクルを組み合わせると新たなカルノーサイクルを構成することができる．

---

[6] ここでは Q_1 を正の量として議論している．3.5 節では，より一般的に作業物質に流入する向きの熱量を正として Q_1 を負の量として議論するので注意してほしい．

3.2 カルノーサイクル **41**

したがって，図 **3.2**(b) に示すように，多数のカルノーサイクルで構成することによって，任意の準静的過程で構成されたサイクルを再現することができる．すなわち，カルノーサイクルを理解することにより，多くのサイクルを理解することができる．このように，簡単な系から出発して，複雑な系もその組合せで理解することができる．これは物理学における常套手段である．なお，ここで準静的過程で構成されたサイクルに限定したのは，準静的過程であれば p-V 図上で閉曲線で表すことができるからであり，カルノーサイクルとの比較もできるからである．

それでは，カルノーサイクルの 1 サイクルにおける仕事や熱の動きを考えよう．それぞれの過程における仕事は図 **3.1** の面積で表される．1 サイクルにおける仕事は，外部にする仕事を正とすると，(1) と (2) の膨張過程では正，(3) と (4) の圧縮過程は負であるので，図の面積 ABCDA が 1 サイクルで作業物質が外部にする仕事である．

次に作業物質から出入りする熱量について考える．まず，断熱過程である (2) と (4) は熱の出入りはない．(1) 等温膨張においては高温熱源から作業物質が受け取る熱量を Q_2 とする．一方，(3) 等温圧縮過程では，作業物質から低温熱源に熱量 Q_1 が移動したとする．ゆえに，1 サイクルの間に作業物質が受け取った熱は

$$Q_2 - Q_1 \tag{3.3}$$

となる．

1 サイクルでもとの状態に戻るので，熱力学第 1 法則から 1 サイクルにおける仕事と熱の移動は同じ量である必要がある．

$$W = Q_2 - Q_1 \tag{3.4}$$

カルノーサイクルは準静的変化のみで構成されているので，可逆である．カルノーサイクルを逆に運転すると，1 サイクルの間に，外部から作業物質に W の仕事を受け，低温熱源から Q_1 の熱を吸収し，高温熱源に Q_2 を与えることになる．つまり，低温熱源から熱を奪って，高温熱源に熱を捨て，低温熱源を冷却するので，**カルノー冷却器**とよばれる．

カルノーサイクルの効率 η は，次のようになる．

$$\eta = \frac{W}{Q_2} = \frac{Q_2 - Q_1}{Q_2} = 1 - \frac{Q_1}{Q_2} \tag{3.5}$$

熱力学第 2 法則

効率が 100% の熱機関を**第 2 種永久機関**という．第 2 種永久機関が存在すれば，大気や海水などから熱を取り出して，すべて仕事に変えることにより，ほぼ無尽蔵にエネルギーを取り出すことができる．しかしながら，経験的に第 2 種永久機関は存在しない．このことを法則として記述したものが**熱力学第 2 法則**であり，その表現はいくつかある．ここでは，2 つを紹介する．

> ● **熱力学第 2 法則**
> **トムソンの表現**[7]：外部から吸収した熱をすべて仕事に変え，何の変化も残らずにもとの状態に戻る装置をつくることは不可能である．
> **クラウジウスの表現**[8]：外部から何の仕事もせずに，何の変化も残らないようにして，低温から高温へ熱を移すことは不可能である．

これらの表現は互いに同等であり（数学の言葉では同値とよばれる），一方が成り立つとすると，他方が成り立つ関係である．

> ── **例題 3.1** ──
> 2 つの表現が同値であることを説明するため，まず，トムソンの表現からクラウジウスの表現を導け．次に，クラウジウスの表現からトムソンの表現を導け．両方を示すことで同値であることを示せ．

【**解答**】 対偶を用いて証明する．（対偶については数学ワンポイントを参照．）
まず，トムソンの表現からクラウジウスの表現を導くために，クラウジウスの表現が正しくない，つまり，熱を低温熱源から高温熱源に，何の仕事も加え

---
[7] トムソン（ケルヴィン卿）は 1851 年にトムソンの表現を認めれば，カルノーの理論とジュールの法則が矛盾しないということを示した．
[8] クラウジウス（R.J.E. Clausius, 1822.1.1～1888.8.24，ドイツ）が 1854 年に発表した論文「力学的熱理論の第 2 基本定理の 1 つの改良型について」の中で熱力学第 2 法則としてクラウジウスの表現を熱力学の基本原理とした．

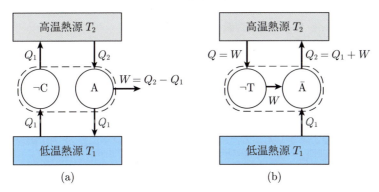

図 3.3 熱力学第 2 法則における 2 つの表現が同値である証明

ずに熱を移すことができる熱機関が存在するとする．この熱機関を図 3.3(a) に ¬C で表しており，Q_1 の熱を低温熱源から高温熱源に移している．カルノーサイクルのような可逆機関（図 (a) の A）の熱量を調整して高温熱源から Q_2 の熱を吸収し，低温熱源に Q_1 の熱を捨て，仕事 $W = Q_2 - Q_1$ をしたとする．¬C と A を組み合わせたものを 1 つの熱機関と考えると，1 サイクルの間に高温熱源から $Q_2 - Q_1$ の熱を吸収し，すべてを仕事 $W = Q_2 - Q_1$ に変換することができるので，トムソンの表現が正しくないことになる．したがって，対偶を導いたので，トムソンの表現が正しければクラウジウスの表現は正しい．

次に，クラウジウスの表現からトムソンの表現を導くために，トムソンの表現が正しくない，すなわち，高温熱源から吸収した熱量 Q をすべて仕事 W ($= Q$) に変えることができるとする．図 3.3(b) に ¬T で表している．カルノーサイクルのような可逆機関を逆運転して（図 (b) の $\overline{\text{A}}$）の熱量を調整して，外部からの仕事 W で低温熱源から Q_1 の熱を吸収し，高温熱源に $Q_2 = Q_1 + W$ の熱を捨てるものとする．¬T と $\overline{\text{A}}$ を組み合わせたものを 1 つの熱機関と考えると，1 サイクルの間に低温熱源から Q_1 の熱を高温熱源に $Q_2 - Q = Q_1$ の熱を移動させるので，クラウジウスの表現も正しくない．ゆえに，対偶を導いたので，クラウジウスの表現が正しければトムソンの表現は正しい．□

44　　　第 3 章　熱機関の最大の効率（熱力学第 2 法則）

数学ワンポイント　同値と対偶

　2 つの命題 P と Q が**同値**（論理記号では P ⇔ Q と表す）であるとは，P と Q がともに真（True, T）またはともに偽（False, F）のときに真となる論理演算である．真理値表は表 3.1 のようになる．同値であることを証明するためには，P ならば Q（論理記号では P ⇒ Q）と Q ならば P（論理記号では Q ⇒ P）の両方を証明すればよい．このことは，P ⇔ Q と (P ⇒ Q) ∧ (Q ⇒ P) の真偽が一致することからわかる．ここで，∧ は論理積（「かつ」）を表す論理記号である．

表 3.1　同値に関係する真理値表

命題 P	命題 Q	P ⇔ Q	P ⇒ Q	Q ⇒ P	(P ⇒ Q) ∧ (Q ⇒ P)
T	T	T	T	T	T
T	F	F	F	T	F
F	T	F	T	F	F
F	F	T	T	T	T

　命題「P ならば Q」（P ⇒ Q）の**対偶**は「Q でないなら P でない」（¬Q ⇒ ¬P）である．真理値表は表 3.2 となり，表からわかるようにもとの命題と対偶の真偽は一致するので，対偶を証明することでもとの命題を証明することができる．

表 3.2　対偶に関係する真理値表

命題 P	命題 Q	P ⇒ Q	¬Q	¬P	¬Q ⇒ ¬P
T	T	T	F	F	T
T	F	F	T	F	F
F	T	T	F	T	T
F	F	T	T	T	T

　トムソンの表現とクラウジウスの表現が同値であることを証明するためにこれらの関係を用いた．

3.4 可逆機関の最大効率

可逆機関の効率が最大になることを，熱力学第2法則を用いて導くことができる．これを**カルノーの定理**とよぶ．

> **● カルノーの定理** 絶対温度が T_1 の低温熱源と絶対温度が T_2 の高温熱源の間にはたらく可逆機関の効率はすべて等しく最大である．つまり，不可逆機関の効率は同じ熱源を用いる可逆機関の効率より小さい．いいかえると可逆機関の効率は熱源の温度だけで決まり，最大の効率をもつ．

カルノーサイクルは可逆機関であるが，実際の熱機関は摩擦が仕事を熱に変えたり，熱伝導で熱が流れたり，と不可逆機関となっている．そのため，実際の機関は可逆機関の最大効率を超えることはできない．熱源の温度が決まっている場合はいかに最大効率へ近づけるかが課題となる．

カルノーの定理を熱力学第2法則で証明しよう．同じ高温熱源（温度 T_2）と低温熱源（温度 T_1）のもとで稼働する2つの熱機関 A と B を考える．熱機関 A の高温熱源からもらう熱量を Q_2，低温熱源に与える熱量を Q_1，外にする仕事を $W = Q_2 - Q_1$，効率を $\eta = \frac{W}{Q_2}$ とする．また，熱機関 B の高温熱源からもらう熱量を Q_2'，低温熱源に与える熱量を Q_1'，外にする仕事を $W' = Q_2' - Q_1'$，効率を $\eta' = \frac{W'}{Q_2'}$ とする．熱機関の作業物質の量など大きさを調節することにより，$Q_2 = Q_2'$ としたとする．

A を可逆機関としよう．A を逆に運転したものを $\overline{\text{A}}$ と表すことにする．B は通常の運転をするものとする．（図 **3.4** 参照）高温熱源は $\overline{\text{A}}$ から Q_2 の熱を与えられ，B に $Q_2' = Q_2$ の熱を与えるので，高温熱源との熱のやりとりはないことになる．一方，低温熱源は $\overline{\text{A}}$ に Q_1 の熱を与え，B から Q_1' の熱をもらうので，$\overline{\text{A}}$ と B を1つの熱機関と考えると，$Q_1 - Q_1'$ の熱が低温熱源から熱機関に移動したことになる．そして，$W' - W$ の仕事を外部にすることになる．

$$W' - W = (Q_2' - Q_1') - (Q_2 - Q_1) = Q_1 - Q_1' \tag{3.6}$$

もし，$Q_1 - Q_1' > 0$ であれば，低温熱源から熱量 $Q_1 - Q_1'$ をもらい，外部に $W' - W = Q_1 - Q_1' > 0$ の仕事をする機関が存在することになり，熱力学第2

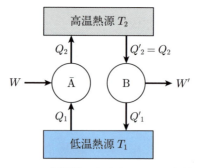

図 3.4　2 つの熱機関によるカルノーの定理の証明

法則に反してしまう．したがって，$Q_1 - Q'_1 \leq 0$, つまり，$Q'_1 \geq Q_1$ となる．$Q_2 = Q'_2$ であるので，

$$\frac{Q_1}{Q_2} \leq \frac{Q'_1}{Q'_2} \tag{3.7}$$

$$1 - \frac{Q_1}{Q_2} \geq 1 - \frac{Q'_1}{Q'_2} \tag{3.8}$$

となる．したがって，熱機関の効率は

$$\eta \geq \eta' \tag{3.9}$$

であり，可逆機関より効率の大きな機関は存在しないことになる．

次に，A と B が両方とも可逆機関としよう．A は通常の運転，B を逆運転した場合を考えると，上の議論で A と B を入れ替えてそのまま議論することができ，

$$\eta \leq \eta' \tag{3.10}$$

となる．式 (3.9) と式 (3.10) から $\eta = \eta'$ を得る．つまり，可逆機関の効率はすべて等しい．

可逆機関の効率はすべて同じなので，n mol の理想気体を作業物質としたカルノーサイクルの効率を求めることにより，可逆機関の効率を考えてみよう．カルノーサイクルのそれぞれの過程での仕事と熱の出入りを計算する．

3.4　可逆機関の最大効率　　**47**

(1)　等温膨張 A $(T_2, V_A, p_A) \to$ B (T_2, V_B, p_B)

等温変化なので，内部エネルギーの増減はない．熱力学第 1 法則より，外部にした仕事 $W_{A \to B}$ と同じ大きさの熱量 $Q_2 = W_{A \to B}$ を吸収することになる．$W_{A \to B}$ は図 **3.1** の面積 ABB'A' に相当するので，

$$W_{A \to B} = \int_{V_A}^{V_B} p dV = \int_{V_A}^{V_B} \frac{nRT_2}{V} dV = nRT_2 \ln \frac{V_B}{V_A} \tag{3.11}$$

である．したがって，熱量も $Q_2 = W_{A \to B} = nRT_2 \ln \frac{V_B}{V_A}$ である．

(2)　断熱膨張 B $(T_2, V_B, p_B) \to$ C (T_1, V_C, p_C)

断熱過程であるので，熱の移動はなく，内部エネルギーの変化量と仕事が等しくなることから，内部エネルギーを求める式 (2.49) を利用して，

$$W_{B \to C} = nC_V(T_2 - T_1) \tag{3.12}$$

となる．ここで定積モル比熱 C_V は温度によらない定数とした．

(3)　等温圧縮 C $(T_1, V_C, p_C) \to$ D (T_1, V_D, p_D)

等温変化なので，内部エネルギーの増減はない．外部にした仕事 $W_{C \to D}$（外部から受けた仕事 $- W_{C \to D}$）と同じ大きさの熱量 $Q_1 = -W_{C \to D}$ を放出することになる．$W_{C \to D}$ は図 **3.1** の面積 CDD'C' に相当するので，

$$\begin{aligned} W_{C \to D} &= \int_{V_C}^{V_D} p dV = \int_{V_C}^{V_D} \frac{nRT_1}{V} dV = nRT_1 \ln \frac{V_D}{V_C} \\ &= -nRT_1 \ln \frac{V_C}{V_D} \end{aligned} \tag{3.13}$$

また，熱量も $Q_1 = -W_{C \to D} = nRT_1 \ln \frac{V_C}{V_D}$ である．

(4)　断熱圧縮 D $(T_1, V_D, p_D) \to$ A (T_2, V_A, p_A)

断熱膨張 B $\to$ C と同じように，断熱変化であるので，熱の移動はなく，内部エネルギーの変化量と仕事が等しくなることから，

$$W_{D \to A} = -nC_V(T_2 - T_1) \tag{3.14}$$

となる．

1 サイクルでの仕事 W は

48　　第 3 章　熱機関の最大の効率（熱力学第 2 法則）

$$W = W_{A \to B} + W_{B \to C} + W_{C \to D} + W_{D \to A}$$

$$= nRT_2 \ln \frac{V_B}{V_A} + nC_V(T_2 - T_1) - nRT_1 \ln \frac{V_C}{V_D} - nC_V(T_2 - T_1)$$

$$= nRT_2 \ln \frac{V_B}{V_A} - nRT_1 \ln \frac{V_C}{V_D} \tag{3.15}$$

となる．これは，$W = Q_2 - Q_1$ とも一致している．効率 η は

$$\eta = \frac{W}{Q_2} = \frac{nRT_2 \ln \frac{V_B}{V_A} - nRT_1 \ln \frac{V_C}{V_D}}{nRT_2 \ln \frac{V_B}{V_A}} = \frac{T_2 \ln \frac{V_B}{V_A} - T_1 \ln \frac{V_C}{V_D}}{T_2 \ln \frac{V_B}{V_A}} \tag{3.16}$$

である．

── 例題 3.2 ──

カルノーサイクルの各状態の体積 V_A, V_B, V_C, V_D の間に

$$\frac{V_B}{V_A} = \frac{V_C}{V_D} \tag{3.17}$$

が成り立つことを示せ．

【解答】　状態方程式およびポアソンの式より

$$p_A V_A = p_B V_B \tag{3.18}$$

$$p_B V_B^\gamma = p_C V_C^\gamma \tag{3.19}$$

$$p_C V_C = p_D V_D \tag{3.20}$$

$$p_D V_D^\gamma = p_A V_A^\gamma \tag{3.21}$$

が成り立っている．4 式の左辺および右辺をすべて掛けることによって，圧力の $p_A p_B p_C p_D$ が両辺に現れるので，削除することができ，

$$V_A \cdot V_B^\gamma \cdot V_C \cdot V_D^\gamma = V_A^\gamma \cdot V_B \cdot V_C^\gamma \cdot V_D$$

$$V_B^{\gamma-1} \cdot V_D^{\gamma-1} = V_A^{\gamma-1} \cdot V_C^{\gamma-1}$$

$$\frac{V_B}{V_A} = \frac{V_C}{V_D} \tag{3.22}$$

となる．　　　　　　　　　　　　　　　　　　　　　　　　　　　　□

3.4 可逆機関の最大効率

表 3.3 理想気体を作業物質としたカルノーサイクルの仕事と熱量

過程	仕事 W	熱量 Q
A → B	$W_{A \to B} = nRT_2 \ln \frac{V_B}{V_A}$	$Q_2 = nRT_2 \ln \frac{V_B}{V_A}$
B → C	$W_{B \to C} = nC_V(T_2 - T_1)$	0
C → D	$W_{C \to D} = -nRT_1 \ln \frac{V_B}{V_A}$	$Q_1 = nRT_1 \ln \frac{V_B}{V_A}$
D → A	$W_{D \to A} = -nC_V(T_2 - T_1)$	0

例題の結果より,

$$\ln \frac{V_B}{V_A} = \ln \frac{V_C}{V_D} \tag{3.23}$$

である.各過程の仕事と熱量をまとめると表 3.3 となる.したがって,

$$W = W_{A \to B} + W_{B \to C} + W_{C \to D} + W_{D \to A} = nR(T_2 - T_1) \ln \frac{V_B}{V_A} \tag{3.24}$$

であるので,カルノーサイクル,つまり,可逆機関の効率は,

$$\eta = \frac{W}{Q_2} = \frac{T_2 - T_1}{T_2} = 1 - \frac{T_1}{T_2} \tag{3.25}$$

となり,熱源の温度だけで決まる.

逆に,可逆機関を作用させて,効率を求めることができれば,温度を決めることができる.すなわち,可逆機関の低温熱源の温度 T_1 を基準の温度と定義する.可逆機関を作用させて効率 $\eta = \frac{W}{Q_2} = 1 - \frac{Q_1}{Q_2}$ を測定,つまり,W と Q_2 または,Q_1 と Q_2 を測定することにより,T_2 を決めることができる.式で表すと,可逆機関の効率を表す式 (3.25) を用いて,

$$\eta = 1 - \frac{Q_1}{Q_2} = 1 - \frac{T_1}{T_2} \tag{3.26}$$

$$\frac{Q_1}{Q_2} = \frac{T_1}{T_2} \tag{3.27}$$

$$T_2 = \frac{Q_2}{Q_1} T_1 \tag{3.28}$$

となる.効率の異なる熱機関を用意することにより,様々な温度を決めることができる.このように定義して決めた温度を**熱力学的絶対温度**とよぶ.

50　　第 3 章　熱機関の最大の効率（熱力学第 2 法則）

― 例題 3.3 ―

300°C の高温熱源と 100°C の低温熱源を用いた熱機関の最大の効率を求めよ.

【解答】　高温熱源の絶対温度は $T_2 = 300 + 273 = 573\,\mathrm{K}$, 低温熱源の絶対温度は $T_1 = 100 + 273 = 373\,\mathrm{K}$ である. 可逆機関の効率が最大効率であるから,

$$\eta = 1 - \frac{T_1}{T_2} = 1 - \frac{373}{573} \sim 0.35 \tag{3.29}$$

となる.　　　　　　　　　　　　　　　　　　　　　　　　　　　　　　□

3.5 エントロピー

温度が T_1 と T_2 の 2 つの熱源で作用する熱機関に対して, 不可逆機関も含めた一般的な熱機関の効率 η' は, 3.4 節でカルノーの定理を証明する際に熱機関 B に用いた式 $\eta' = 1 - \frac{Q_1'}{Q_2'}$ である. 一方, 可逆機関の効率 η は式 (3.25) の $\eta = 1 - \frac{T_1}{T_2}$ で表され, カルノーの定理より η が最大の効率（$\eta \geq \eta'$）であるので,

$$1 - \frac{T_1}{T_2} \geq 1 - \frac{Q_1'}{Q_2'} \tag{3.30}$$

$$\frac{T_1}{T_2} \leq \frac{Q_1'}{Q_2'} \tag{3.31}$$

$$\frac{T_1}{T_2} - \frac{Q_1'}{Q_2'} \leq 0 \tag{3.32}$$

$$\frac{Q_2'}{T_2} - \frac{Q_1'}{T_1} \leq 0 \tag{3.33}$$

と変形できる. より一般的に表すために, 熱の流れを正負の符号で表すこととする. Q_1' は熱機関から熱源への放熱過程の熱量であるので負（$Q_1' < 0$）で, Q_2' は熱源から熱機関への吸熱過程の熱量であるので正（$Q_2' > 0$）で定義しなおすと,

$$\frac{Q_2'}{T_2} + \frac{Q_1'}{T_1} \leq 0 \tag{3.34}$$

となる. 等号が可逆過程, 不等号が不可逆過程を示しているので, 可逆過程か不可逆過程かは $\frac{Q}{T}$ の和が関係していることが予想される.

実際,

$$dS = \frac{d'Q}{T} \tag{3.35}$$

で定義される物理量 S を**エントロピー**[9]とよび，熱力学における不可逆性の指標となる状態量である．状態量であることは，この後，エントロピーを計算することによって示す．なお，エントロピーは式 (3.35) に示すように変化量で定義しているので，始状態と終状態の間で常に $\frac{d'Q}{T}$ が定義できないと状態間のエントロピーの変化量を計算することができない．そのため，始状態と終状態の間に熱平衡状態を保てない過程を含む場合は，同じ始状態と終状態であるが異なる準静的な過程に対して dS を計算してエントロピーの変化量を求める．後で示すように，エントロピーは状態量であるので，途中の経路にはよらないので，このような方法が可能となる．なお以下の議論では，熱機関の作業物質が吸収する熱量を正 ($Q > 0$)，放出する熱量を負 ($Q < 0$) とし，熱の流れの向きを定義することとする．

カルノーサイクルでエントロピーを計算してみよう．(1) 等温膨張：温度 T_2 で一定の状態で熱量 Q_2 (> 0) を吸収するので，この過程でエントロピーは $\Delta S = \frac{Q_2}{T_2}$ だけ増加する．(2) 断熱膨張：温度は T_2 から T_1 に変化するが，断熱変化なので $d'Q = 0$ である．つまり，$\Delta S = 0$ であり，エントロピーは一定である．(3) 等温圧縮：温度 T_1 で一定の状態で熱量 $|Q_1|$ だけ放出する ($Q_1 < 0$) のでエントロピーは減少し，変化量は $\Delta S = \frac{Q_1}{T} = -\frac{|Q_1|}{T_1}$ である．(4) 断熱圧縮：温度は T_1 から T_2 に変化するが，断熱膨張なので $\Delta S = 0$ である．1 サイクルでのエントロピーの変化は

$$\Delta S = \frac{Q_2}{T_2} + 0 + \frac{Q_1}{T_1} + 0 = \frac{Q_2}{T_2} - \frac{|Q_1|}{T_1} \tag{3.36}$$

となる．この節で導入した熱量の符号も含めて式 (3.27) を変形すると，

$$\frac{|Q_1|}{Q_2} = \frac{T_1}{T_2} \tag{3.37}$$

$$\frac{|Q_1|}{T_1} = \frac{Q_2}{T_2} \tag{3.38}$$

---

[9] クラウジウスは 1854 年の論文で $\int \frac{d'Q}{T} \leq 0$ （クラウジウスの不等式）を導いていたが，$dS = \frac{d'Q}{T}$ で定義する S をエントロピーと名づけたのは 1865 年の論文であった．

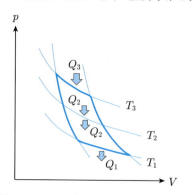

図 3.5 2 つのカルノーサイクルの合成

であり,変化量 ΔS はゼロとなる.

図 3.2(b) で説明したように無数のカルノーサイクルを組み合わせることによって,任意の準静的過程で構成されたサイクルを再現することができる.したがって,個々のカルノーサイクルのエントロピーの変化量を足し合わせたものは,組み合わせたサイクルのエントロピーの変化量と等しくなる.簡単な例として図 3.5 のように 2 つのカルノーサイクルを足した経路を考えよう.断熱変化ではエントロピーの変化はゼロであるので,エントロピーの変化量は等温変化の部分のみを考えればよい.温度 T_i での熱量の出入りを Q_i と表記することとする.ただし,T_3 と T_2 で構成されたカルノーサイクルでは,T_2 の等温変化は放熱なので $Q_2 < 0$ であり,T_2 と T_1 で構成されたカルノーサイクルでは,T_2 の等温変化は吸熱なので $Q_2 > 0$ となることに注意する必要がある.2 つのカルノーサイクルを足した経路(図 3.5 で太線で示した経路)におけるエントロピーの変化量 ΔS は,

$$\Delta S = \frac{Q_3}{T_3} + \frac{-|Q_1|}{T_1} \tag{3.39}$$

である.一方,それぞれのカルノーサイクルのエントロピーの変化量を足したものは,

$$\begin{aligned}\Delta S &= \left\{\frac{Q_3}{T_3} + \frac{-|Q_2|}{T_2}\right\} + \left\{\frac{|Q_2|}{T_2} + \frac{-|Q_1|}{T_1}\right\} \\ &= \frac{Q_3}{T_3} + \frac{-|Q_1|}{T_1}\end{aligned} \tag{3.40}$$

3.5 エントロピー

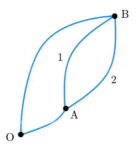

図 3.6 エントロピーの変化を求める状態 A から状態 B への 2 つの経路．O は基準となる状態．

であり，カルノーサイクルが接している部分（$i = 2$）では打ち消し合い，2 つのカルノーサイクルを足した経路のエントロピー変化量と一致する．それぞれのカルノーサイクルにおけるエントロピー変化量はゼロなので，両者のエントロピー変化量はゼロである．任意の準静的過程で構成されたサイクルも無数のカルノーサイクルを組み合わせることで再現でき，個々のカルノーサイクルの過程を小さくする極限では和は積分に置き換えることができる．また，個々のカルノーサイクルのエントロピーの変化量はゼロであるので，任意のサイクルにおける 1 サイクルのエントロピー変化量もゼロとなる．

$$\Delta S = \oint \frac{d'Q}{T} = 0 \tag{3.41}$$

図 3.6 に示すように，閉じた経路上に 2 つの状態 A と B を定義すると，A から B に向かう経路が 2 つできる．片方を経路 1，もう一方を経路 2 として，例えば，状態 A から経路 1 に沿って状態 B に達する経路を A1B と表すこととする．式 (3.41) より閉じた経路 A1B2A に沿ったエントロピーの変化はゼロであるので，

$$\oint_{\text{A1B2A}} \frac{d'Q}{T} = \int_{\text{A1B}} \frac{d'Q}{T} + \int_{\text{B2A}} \frac{d'Q}{T} = 0 \tag{3.42}$$

$$\int_{\text{A1B}} \frac{d'Q}{T} - \int_{\text{A2B}} \frac{d'Q}{T} = 0 \tag{3.43}$$

$$\int_{\text{A1B}} \frac{d'Q}{T} = \int_{\text{A2B}} \frac{d'Q}{T} \tag{3.44}$$

54 第3章 熱機関の最大の効率（熱力学第2法則）

となる．ここで，経路2を逆にたどると（B2A → A2B）熱量の絶対値は同じであるが吸熱と放熱が逆転することを使った．式 (3.42)〜(3.44) は，最初と最後の状態が同じであれば途中の経路によらずエントロピーの変化量は同じであることを示している．

ここまででわかるように，エントロピーの定義式 (3.35) はエントロピーの変化量のみを決めることができる．位置エネルギーと同じように基準の状態 O を定義し，そこでのエントロピーをゼロとすると，エントロピーの値を決めることができる．状態 A のエントロピーを $S(A)$，状態 B のエントロピーを $S(B)$ と書くと

$$S(A) = \int_{OA} \frac{d'Q}{T} \tag{3.45}$$

$$S(B) = \int_{OB} \frac{d'Q}{T} \tag{3.46}$$

となる．図 3.6 には経路の例を示しているが，$S(A)$ および $S(B)$ は経路によらず，状態 O, A, B だけで決まる．したがって，状態 A から B へ準静的変化におけるエントロピーの変化量は，

$$\Delta S(A \to B) = \int_{A}^{B} \frac{d'Q}{T} = \int_{A}^{O} \frac{d'Q}{T} + \int_{O}^{B} \frac{d'Q}{T}$$

$$= \int_{O}^{B} \frac{d'Q}{T} - \int_{O}^{A} \frac{d'Q}{T} = S(B) - S(A) \tag{3.47}$$

となり，エントロピー S は状態で決まる状態量であることがわかる．なお，積分する経路は準静的な経路であることを再度注意しておく．

エントロピー S が状態量として扱えることがわかったので，状態量でない熱量 Q の代わりに S を使って表すことを考えよう．エントロピーの定義式 (3.35) から，

$$d'Q = TdS \tag{3.48}$$

であるので，熱力学第1法則は可逆過程に対して

$$dU = d'Q + d'W = TdS - pdV \tag{3.49}$$

と表される．

熱量は式 (2.34) を n mol の物質に適用すると，

$$d'Q = nC_V dT + \left\{ \left(\frac{\partial U}{\partial V} \right)_T + p \right\} dV \tag{3.50}$$

で表されていた．理想気体では $\left(\frac{\partial U}{\partial V} \right)_T = 0$ であり，状態方程式 $pV = nRT$ を用いると，

$$d'Q = n \left\{ C_V dT + \frac{RT}{V} dV \right\} \tag{3.51}$$

となるので，理想気体のエントロピーは

$$dS = \frac{d'Q}{T} = n \left\{ \frac{C_V}{T} dT + \frac{R}{V} dV \right\} \tag{3.52}$$

となる．積分して理想気体のエントロピーを求めると，

$$S = \int dS = n \left\{ \int \frac{C_V}{T} dT + \int \frac{R}{V} dV \right\}$$
$$= n \left\{ C_V \ln T + R \ln V \right\} + 定数 \tag{3.53}$$

となる．式 (2.59) を変形した式 $R = C_V(\gamma - 1)$ を用いると，

$$S = n \left\{ C_V \ln T + C_V \ln V^{\gamma-1} \right\} + 定数 = nC_V \ln(TV^{\gamma-1}) + 定数 \tag{3.54}$$

である．状態方程式から $T = \frac{pV}{nR}$ を用いると，

$$S = nC_V \ln(pV^\gamma) + 定数 \tag{3.55}$$

となる．断熱変化では $d'Q = 0$，すなわち $dS = 0$ なので，S が一定となる．このことは，断熱変化では $TV^{\gamma-1}$ や pV^γ が定数となることと一致する．

───── 例題 3.4 ─────

カルノーサイクルを T-S グラフで示せ．

【解答】 等温変化では T 一定でエントロピーが変化する．断熱変化では S 一定で温度が変化する．3.2 節でカルノーサイクルを説明する際に使った各状

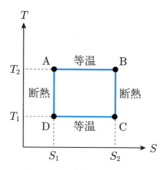

図 3.7 カルノーサイクルの T-S グラフ

態（A，B，C，D）および状態量の記号を用いることとする[10]．また，状態 A (T_2, V_A, p_A) のエントロピーを S_1，状態 B (T_2, V_B, p_B) のエントロピーを S_2 とすると，

$$S_2 - S_1 = \frac{Q_2}{T_2} = nR \ln \frac{V_B}{V_A} \tag{3.56}$$

となる．B→C の変化は断熱変化なので，状態 C (T_1, V_C, p_C) のエントロピーは S_2 である．状態 D (T_1, V_D, p_D) のエントロピーを S' とすると，

$$S' - S_2 = \frac{-|Q_1|}{T_1} = -nR \ln \frac{V_C}{V_D} = -(S_2 - S_1) \tag{3.57}$$

となる．ここで，$\ln \frac{V_B}{V_A} = \ln \frac{V_C}{V_D}$ を用いた．したがって，状態 D のエントロピーは $S' = S_2 - (S_2 - S_1) = S_1$ となる．これより，カルノーサイクルの T-S グラフは図 3.7 のように長方形となる． □

3.6 エントロピー増大の法則

この節では式 (3.34) と同じ式を再度一般的に導くことから始めて，断熱不可逆変化におけるエントロピーの増加を示す．

準静的変化だけでなく，不可逆変化も含んだ一般的な熱機関を考える．その熱機関が温度 T_2 の高温熱源から熱量 Q_2 (> 0) を受け取り，温度 T_1 の低温熱源に熱量 $|Q_1|$ を放出するとする．（熱源から吸収する熱量を正とし，放出する場合は負と定義する．$Q_1 < 0$．）この熱機関の 1 サイクルでの効率 η' は

---

[10] 熱量の符号は変更したので，$Q_1 = -|Q_1| < 0$ である．

3.6 エントロピー増大の法則 57

$$\eta' = \frac{W}{Q_2} = \frac{Q_2 + Q_1}{Q_2} = 1 + \frac{Q_1}{Q_2} \tag{3.58}$$

となり, 同じ熱源を使った可逆機関の効率 (最大の効率) η は

$$\eta = 1 - \frac{T_1}{T_2} \tag{3.59}$$

である. つまり, $\eta' \leq \eta$ であるので,

$$1 + \frac{Q_1}{Q_2} \leq 1 - \frac{T_1}{T_2} \tag{3.60}$$

$$\frac{Q_1}{T_1} \leq -\frac{Q_2}{T_2} \tag{3.61}$$

$$\frac{Q_1}{T_1} + \frac{Q_2}{T_2} \leq 0 \tag{3.62}$$

となり, この式を**クラウジウスの不等式**とよぶ. 熱機関が不可逆変化を含む場合に不等号が, すべて可逆変化で構成されていれば等号となる.

一般的に, n 個の熱源 $T_1, T_2, \ldots, T_n$ から受けた熱量を $Q_1, Q_2, \ldots, Q_n$ とすると, クラウジウスの不等式は

$$\sum_{i=1}^{n} \frac{Q_i}{T_i} \leq 0 \tag{3.63}$$

となる. 微小な変化も含めて積分の形式で書くと

$$\oint \frac{d'Q}{T} \leq 0 \tag{3.64}$$

となる. 1サイクルの中の2つの状態をAとBとすると,

$$\oint \frac{d'Q}{T} = \int_A^B \frac{d'Q}{T} + \int_B^A \frac{d'Q}{T} \leq 0 \tag{3.65}$$

と書ける. A→BとB→Aの両方が可逆変化 (rev) であれば等号となる. 一方で, A→Bに不可逆変化 (irrev) を含めば不等号となる.

$$\int_A^{B(irrev)} \frac{d'Q}{T} + \int_B^{A(rev)} \frac{d'Q}{T} < 0 \tag{3.66}$$

58　　第 3 章　熱機関の最大の効率（熱力学第 2 法則）

$$\int_A^{B(\text{irrev})} \frac{d'Q}{T} - \int_A^{B(\text{rev})} \frac{d'Q}{T} < 0 \tag{3.67}$$

$$\int_A^{B(\text{irrev})} \frac{d'Q}{T} < \int_A^{B(\text{rev})} \frac{d'Q}{T} = S(B) - S(A) \tag{3.68}$$

A→B を可逆変化も含めた一般的な場合とすれば，等号も許し，

$$\int_A^B \frac{d'Q}{T} \le S(B) - S(A) \tag{3.69}$$

となる．微小変化であれば，

$$\frac{d'Q}{T} \le dS \tag{3.70}$$

である．A→B が断熱変化であれば，$d'Q = 0$ なので，

$$dS \ge 0 \tag{3.71}$$

すなわち，断熱過程であればエントロピーの変化量は必ずゼロ以上であり，不可逆変化の場合は必ずエントロピーは増大する．これを，**エントロピー増大の法則**という．

3.7　マクスウェルの関係式

　式 (1.10) では V を p と T の関数として表したように，エントロピーは状態量であるので，他の 2 つの状態量の関数として表すことができる．それを $S = S(U, V)$ として表せば，全微分の表式を用いて，

$$dS = \left(\frac{\partial S}{\partial U}\right)_V dU + \left(\frac{\partial S}{\partial V}\right)_U dV \tag{3.72}$$

となる．エントロピーの定義と $d'Q = dU + pdV$ の関係式より，

$$dS = \frac{d'Q}{T} = \frac{1}{T}dU + \frac{p}{T}dV \tag{3.73}$$

より，

3.7 マクスウェルの関係式 59

$$\left(\frac{\partial S}{\partial U}\right)_V = \frac{1}{T}, \quad \left(\frac{\partial S}{\partial V}\right)_U = \frac{p}{T} \tag{3.74}$$

の関係式が得られる.

同様に, $U = U(S, V)$ の全微分

$$dU = \left(\frac{\partial U}{\partial S}\right)_V dS + \left(\frac{\partial U}{\partial V}\right)_S dV \tag{3.75}$$

と, $dU = TdS - pdV$ の比較より,

$$\left(\frac{\partial U}{\partial S}\right)_V = T, \quad \left(\frac{\partial U}{\partial V}\right)_S = -p \tag{3.76}$$

となる.

$$dU = \left(\frac{\partial U}{\partial T}\right)_V dT + \left(\frac{\partial U}{\partial V}\right)_T dV \tag{3.77}$$

を $d'Q = dU + pdV$ に代入することにより,

$$dS = \frac{d'Q}{T} = \frac{1}{T}\left(\frac{\partial U}{\partial T}\right)_V dT + \frac{1}{T}\left\{\left(\frac{\partial U}{\partial V}\right)_T + p\right\}dV \tag{3.78}$$

となる. これを $S = S(T, V)$ の全微分

$$dS = \left(\frac{\partial S}{\partial T}\right)_V dT + \left(\frac{\partial S}{\partial V}\right)_T dV \tag{3.79}$$

と比較すると,

$$nC_V = \left(\frac{\partial U}{\partial T}\right)_V = T\left(\frac{\partial S}{\partial T}\right)_V \tag{3.80}$$

$$\frac{1}{T}\left\{\left(\frac{\partial U}{\partial V}\right)_T + p\right\} = \left(\frac{\partial S}{\partial V}\right)_T \tag{3.81}$$

の関係式を得る.

60　　第 3 章　熱機関の最大の効率（熱力学第 2 法則）

2 次の偏微分係数の偏微分の順序を交換できる場合，

$$\frac{\partial}{\partial V}\left\{\left(\frac{\partial S}{\partial T}\right)_V\right\}_T = \frac{\partial}{\partial T}\left\{\left(\frac{\partial S}{\partial V}\right)_T\right\}_V \tag{3.82}$$

が成り立ち，前述の式を代入すると

$$\frac{\partial}{\partial V}\left\{\frac{1}{T}\left(\frac{\partial U}{\partial T}\right)_V\right\}_T = \frac{\partial}{\partial T}\left[\frac{1}{T}\left\{\left(\frac{\partial U}{\partial V}\right)_T + p\right\}\right]_V \tag{3.83}$$

$$\frac{1}{T}\frac{\partial^2 U}{\partial V \partial T} = -\frac{1}{T^2}\left\{\left(\frac{\partial U}{\partial V}\right)_T + p\right\} + \frac{1}{T}\left\{\frac{\partial^2 U}{\partial T \partial V} + \left(\frac{\partial p}{\partial T}\right)_V\right\} \tag{3.84}$$

$$\left(\frac{\partial U}{\partial V}\right)_T = T\left(\frac{\partial p}{\partial T}\right)_V - p \tag{3.85}$$

を得る．理想気体では $\left(\frac{\partial U}{\partial V}\right)_T = 0$ であるが，実在気体ではゼロとは限らない．内部エネルギーを直接測定することはできないが，この関係式を用いることにより内部エネルギーの体積依存性を求めることができる．

　同様に，エントロピーの体積変化を求める式を得るために，式 (3.81) に式 (3.85) を代入すると，

$$\left(\frac{\partial S}{\partial V}\right)_T = \left(\frac{\partial p}{\partial T}\right)_V \tag{3.86}$$

となり，圧力の温度依存性から求めることができる．

　適当な独立変数の関数として表された示量変数（状態量）を**熱力学関数**（**熱力学ポテンシャル**）という．各々の熱力学関数に対して，その関数や偏微分等の組合せですべての状態量を導く独立変数があり，**自然な独立変数**という．表 **3.4** に 1 成分の場合の典型的な熱力学関数を示した．エンタルピー H，ヘルムホルツ[11]の自由エネルギー F，ギブズ[12]の自由エネルギー G は内部エネ

---

[11] ヘルムホルツ（H.L.F. von Helmholtz，1821.8.31〜1894.9.8，ドイツ）は医学分野で学位を取得後，軍医を経て生理学教授，物理学教授を歴任した．業績も生理学から物理学まで幅広い．ヘルムホルツの自由エネルギーのほかに，熱力学第 1 法則を導き論文として発表し，エネルギー保存則の確立者の一人とみなされている．

[12] ギブズ（J.W. Gibbs，1839.2.11〜1903.4.28，アメリカ）はギブズの自由エネルギーの概念のほかにも，不均一系の熱力学，ベクトル解析，統計力学の基礎理論などに顕著な業績を残した．

3.7 マクスウェルの関係式

表 3.4 熱力学関数

熱力学関数	自然な独立変数	全微分
エントロピー S	U, V	$dS = \frac{dU}{T} + \frac{p}{T} dV$
内部エネルギー U	S, V	$dU = TdS - pdV$
エンタルピー $H = U + pV$	S, p	$dH = TdS + V dp$
ヘルムホルツの自由エネルギー $F = U - TS$	T, V	$dF = -SdT - pdV$
ギブズの自由エネルギー $G = F + pV$	T, p	$dG = -SdT + V dp$

ルギー U から数学における**ルジャンドル変換**を行ったものであるが，それぞれ，次の例題に示すような意味をもつ．

例題 3.5

　エンタルピー H の変化量は定圧変化における熱量に等しい．また，等温定積変化においてはヘルムホルツの自由エネルギー F の変化量が，等温定圧変化においてはギブズの自由エネルギー G の変化量が，体積変化以外で外部に取り出せる仕事の最大値に等しい．これらのことを示せ．

【解答】 熱力学第 1 法則 $dU = d'Q + d'W = d'Q - pdV$ をエンタルピーの全微分に代入すると，

$$dH = dU + pdV + V dp$$
$$= d'Q + V dp \tag{3.87}$$

となる．定圧変化では $dp = 0$ であるので，

$$dH = d'Q \tag{3.88}$$

であり，dH は定圧変化における $d'Q$ に等しいことが示せた．

　体積変化以外の仕事を A で表し，その微小量を $d'A$ とすると，仕事の微小量は $d'W = -pdV + d'A$ で示すことができる．$d'A$ が正の場合が外部から系

62　第 3 章　熱機関の最大の効率（熱力学第 2 法則）

に仕事をする場合であり，負の場合が系が外部に仕事をする場合である．

ヘルムホルツの自由エネルギーの全微分に熱力学第 1 法則を代入すると，

$$dF = dU - TdS - SdT$$
$$= d'Q - pdV + d'A - TdS - SdT \tag{3.89}$$

等温定積変化では $dT = 0,\ dV = 0$ なので，

$$dF = d'Q + d'A - TdS \tag{3.90}$$

である．式 (3.70) から $TdS - d'Q \geq 0$ であるので，

$$d'A - dF = TdS - d'Q \geq 0 \tag{3.91}$$
$$dF \leq d'A \tag{3.92}$$

である．等号は可逆変化の場合である．外部に取り出せる仕事は $d'A < 0$ の場合であるので，$d'A < 0,\ dF < 0$ の場合は，

$$|dF| \geq |d'A| \tag{3.93}$$

であり，体積変化以外で外部に取り出せる仕事はヘルムホルツの自由エネルギーの減少量 $|dF|$ よりも小さい．

ギブズの自由エネルギーの全微分に熱力学第 1 法則を代入すると，

$$dG = dU + pdV + Vdp - TdS - SdT$$
$$= d'Q + Vdp + d'A - TdS - SdT \tag{3.94}$$

等温定圧変化では $dT = 0,\ dp = 0$ なので，

$$dG = d'Q + d'A - TdS \tag{3.95}$$

である．ヘルムホルツの自由エネルギーと同様に，

$$d'A - dG = TdS - d'Q \geq 0$$
$$dG \leq d'A \tag{3.96}$$

である．この場合も等号は可逆変化の場合である．$d'A < 0,\ dG < 0$ の場合は，

$$|dG| \geq |d'A| \tag{3.97}$$

であり，体積変化以外で外部に取り出せる仕事はギブズの自由エネルギーの減少量 $|dG|$ よりも小さい． □

式 (3.86) のように熱力学関数の 2 階偏微分係数が連続で偏微分の順序が交換できることを利用して導ける温度，圧力，体積，エントロピーの間に成り立つ関係式を**マクスウェルの関係式**という．熱力学関数は表 3.4 に[13]，マクスウェルの関係式を次式にまとめて示す．マクスウェルの関係式の導出は本章の章末問題とする．

$$\left(\frac{\partial T}{\partial V}\right)_S = -\left(\frac{\partial p}{\partial S}\right)_V, \quad \left(\frac{\partial T}{\partial p}\right)_S = \left(\frac{\partial V}{\partial S}\right)_p,$$
$$\left(\frac{\partial S}{\partial V}\right)_T = \left(\frac{\partial p}{\partial T}\right)_V, \quad \left(\frac{\partial S}{\partial p}\right)_T = -\left(\frac{\partial V}{\partial T}\right)_p \tag{3.98}$$

演 習 問 題

演習 3.1 1 mol の理想気体のエントロピーが次式で表されることを示せ．

$$S = C_p \ln T - R \ln p + 定数 \tag{3.99}$$

演習 3.2 気体の定積比熱 C_V が温度によらないとし，気体が断熱的に真空中へ膨張して状態 1 (V_1, T_1) から状態 2 (V_2, T_2) に変化するとき，比熱比を γ として，次式で表せることを示せ．

$$\frac{T_1}{T_2} = \left(\frac{V_2}{V_1}\right)^{\gamma-1} = \left(\frac{V_2}{V_1}\right)^{\frac{R}{C_V}} \tag{3.100}$$

演習 3.3 理想気体が体積 V から V' に断熱自由膨張（気体が断熱的に仕事を行わない膨張）する場合のエントロピーの変化を調べよ．

演習 3.4 表 3.4 の熱力学関数よりマクスウェルの関係式を導け．

演習 3.5 ギブズ – ヘルムホルツの式

$$U = -T^2 \left[\frac{\partial}{\partial T}\left(\frac{F}{T}\right)\right]_V \tag{3.101}$$

---

[13] 正確には化学ポテンシャル μ や物質量 N，必要があれば電磁場などによる仕事を加える必要があるが，この表では混乱をさけるため言及しなかった．

64　　　第 3 章　熱機関の最大の効率（熱力学第 2 法則）

を導け.

演習 3.6　表 3.4 では体系は 1 成分のみで，粒子数は一定の場合の式を示した．体系が n 種類の粒子で構成され，成分 j の粒子の個数が N_j の場合，自然な独立変数は N_j を加える必要がある．また，エントロピー S の全微分は $-\sum_{j=1}^{n}\left(\frac{\mu_j}{T}\right)dN_j$ を，それ以外の内部エネルギー等の全微分は $\sum_{j=1}^{n}\mu_j dN_j$ を加えることで得ることができる．ギブズの自由エネルギーが示量性の状態量であることから

$$G = \sum_{j=1}^{n} \mu_j N_j \tag{3.102}$$

であることを示せ．また，体積変化による仕事以外はあらわに考えないものとすると，**ギブズ–デュエムの関係**

$$SdT - Vdp + \sum_{j=1}^{n} N_j d\mu_j = 0 \tag{3.103}$$

が成り立つ．この関係式を導け．ここで，μ_j は成分 j の粒子が 1 個増えることにより増加するエネルギーを表す**化学ポテンシャル**であり，G を用いて表すと次式となる．

$$\mu_j = \left(\frac{\partial G}{\partial N_j}\right)_{T,p,N_k \neq N_j} \tag{3.104}$$

第4章

分子の運動から見た熱力学
（気体分子運動論とマクスウェル分布）

　前章までは体系をマクロなものとして，体積，圧力，温度，エントロピーなどの状態量や熱量や仕事が熱力学第1法則や第2法則，状態方程式に従うものとして，それぞれの物理量の本質に言及することなく取り扱っていた．一方で，（古典）力学では運動方程式や力学的エネルギー保存の法則などで，物質の運動を追うことができる．構成している原子や分子個々の運動から，熱力学を説明できるだろうか．本章ではこの質問に答えるために簡単なモデルから分子の運動を考える．

　まず，理想気体の簡単なモデルを用いた気体分子運動論から，分子の運動エネルギーの平均値と温度との関係や比熱などを導く．一方，この章の後半では，分子の速度分布を求めるため，アボガドロ数ほどの莫大な分子数を取り扱うことから確率を導入して，マクスウェル分布を導く．

キーワード：気体分子運動論，ボルツマン定数，アボガドロの法則，エネルギー等分配の法則，粗視化，分布確率，スターリングの公式，状態和，変分法，ラグランジュの未定乗数法，位相空間，マクスウェルの速度分布，ガウス関数

4.1　理想気体のモデル

　気体分子運動論とは，ニュートン力学を用いて気体分子の運動を取り扱うことにより，熱力学で得られる様々な性質を明らかにしようとする理論である．実在する気体分子は大きさも形もあり，分子自身の回転や振動，分子間力なども存在するため，少数の分子であっても正確にその運動を取り扱うことは難しい．物理学とは簡単なモデルから始めて本質を理解する学問である．ここでは，次のような簡単なモデルを考えることとしよう．

66 第4章 分子の運動から見た熱力学（気体分子運動論とマクスウェル分布）

- 気体分子は質点として扱い，大きさや内部構造は考えない．
- 気体分子間に衝突以外の相互作用ははたらかないとする．
- 気体分子同士は互いに衝突し合い，エネルギーや運動量の交換をして平衡状態になる．
- 平衡状態では個々の分子の速度や運動エネルギーは衝突により変化するが，分子系全体の速度分布は変化しない．
- 気体分子は容器の壁と弾性衝突をする．

これらのモデルは，以下でわかるように理想気体を考え容器とは熱の出入りがないとしたモデルである．

気体分子と容器の壁との衝突は弾性衝突を仮定しているのでエネルギーが変化しない．衝突以外の相互作用がないと仮定しているので分子間の位置エネルギーはなく，運動エネルギーつまり速度の大きさが変化しないことになる．図 4.1 に示すように x 軸に垂直な面をもつシリンダーに質量 m の気体分子が衝突した場合を考える．弾性衝突なので速度の大きさは変わらず，x 軸方向の速度の向きだけが逆転する．つまり，衝突前の速度 $\bm{v} = (v_x, v_y, v_z)$ が衝突後は $\bm{v}' = (-v_x, v_y, v_z)$ になり，衝突によって，$\Delta \bm{v} = \bm{v}' - \bm{v} = (-2v_x, 0, 0)$ だけの速度の変化が起きた．運動量の変化は力積に等しいので，この気体分子が受ける力積は $-2mv_x$ となる．同じ力積がシリンダーに反作用として加わるので，気体分子 1 個の弾性衝突によりシリンダーにはたらく力積は $2mv_x$ である．弾性衝突なので，この分子の速度の x 成分の大きさは常に v_x である．x 軸方向の容器の長さを L_x とすると，次に同じシリンダーと衝突するまでの時間は $\frac{2L_x}{v_x}$ であり，単位時間あたりの衝突回数は逆数の $\frac{v_x}{2L_x}$ である．したがっ

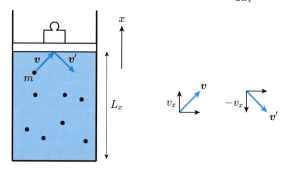

図 4.1 理想気体のモデル

4.1 理想気体のモデル

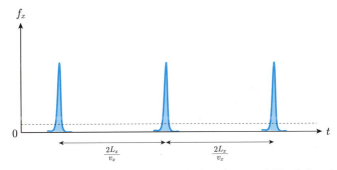

図 4.2 気体分子 1 個がシリンダーに与える力 f_x の時間 t 変化. 点線は平均の力 $\frac{mv_x^2}{L_x}$

て，図 4.2 に示すように，分子 1 個がシリンダーに与える平均の力は

$$2mv_x \frac{v_x}{2L_x} = \frac{mv_x^2}{L_x} \tag{4.1}$$

である．

単位体積あたりの気体分子の密度を n とすると，容器の体積 $V = L_x L_y L_z$ 中には $N = nV = nL_x L_y L_z$ の気体分子が存在する．それぞれの気体分子に対して和をとることにより，平均して

$$F_x = \sum \frac{mv_x^2}{L_x} \tag{4.2}$$

の力がシリンダーの面にはたらく．ここで和はすべての気体分子についてとる．$\sum v_x^2$ は平均値 $\langle v_x^2 \rangle$ を用いて，$N\langle v_x^2 \rangle$ と表されるので，

$$F_x = N \frac{m\langle v_x^2 \rangle}{L_x} \tag{4.3}$$

となる．シリンダーの面積は $L_y L_z$ なので，圧力 p は

$$p = \frac{F_x}{L_y L_z} = \frac{N}{L_x L_y L_z} m\langle v_x^2 \rangle = \frac{N}{V} m\langle v_x^2 \rangle \tag{4.4}$$

で与えられる．気体分子の運動は等方的（方向によらない）と仮定すると[1]，

---

[1] 分子間の相互作用を無視すると，考えられる外力は重力である．重力がはたらくと等方性は成り立たない．大気圧を考慮する場合などは重力が必要であるが，容器との衝突に比べると重力は十分小さく，無視することができる．

68　第 4 章　分子の運動から見た熱力学（気体分子運動論とマクスウェル分布）

$$\langle v^2 \rangle = \langle v_x^2 \rangle + \langle v_y^2 \rangle + \langle v_z^2 \rangle, \quad \langle v_x^2 \rangle = \langle v_y^2 \rangle = \langle v_z^2 \rangle \tag{4.5}$$

であるので，

$$\langle v_x^2 \rangle = \frac{1}{3} \langle v^2 \rangle \tag{4.6}$$

となる．したがって，

$$pV = \frac{N}{3} m \langle v^2 \rangle = \frac{2N}{3} \frac{1}{2} m \langle v^2 \rangle \tag{4.7}$$

である．

4.2　分子運動と温度の関係

理想気体の状態方程式 $pV = nRT$ と式 (4.7) を比較すると，

$$nRT = \frac{2N}{3} \frac{1}{2} m \langle v^2 \rangle = \frac{2}{3} NE \tag{4.8}$$

となる．ここで，E は分子 1 個あたりの運動エネルギーの平均値である．アボガドロの法則では 1 mol の気体には気体の種類によらず一定の個数の分子が含まれる．アボガドロ定数

$$N_A = 6.022 \times 10^{23} \text{ mol}^{-1} \tag{4.9}$$

を用いると，$N = nN_A$ となるので，

$$E = \frac{1}{2} m \langle v^2 \rangle = \frac{3}{2} \frac{n}{N} RT = \frac{3}{2} \frac{R}{N_A} T = \frac{3}{2} kT \tag{4.10}$$

である．すなわち，気体の絶対温度は分子の運動エネルギーの平均値に比例することがわかる．ここで，

$$k = \frac{R}{N_A} = \frac{8.314}{6.022 \times 10^{23}} = 1.381 \times 10^{-23} \text{ J/K} \tag{4.11}$$

はボルツマン定数という[2]．

---

[2] 2019 年に施行された国際単位系（SI 単位系）の基本単位の再定義により，アボガドロ定数 $N_A = 6.022\ 140\ 76 \times 10^{23}$ mol^{-1}，ボルツマン定数 $k = 1.380\ 649 \times 10^{23}$ J/K と定義された．なお，ボルツマン定数は k_B とかくこともある．

4.2 分子運動と温度の関係 **69**

物質 1 mol の質量を**モル質量**とよび，記号は M で表すこととする．分子 1 個の質量 m とモル質量との関係は，

$$M = N_A m \tag{4.12}$$

である．類似のよく知られた物理量として**分子量**がある．分子量は，物質 1 mol の質量の統一原子質量単位[3]に対する比として定義される[4]．

── 例題 4.1 ──

0℃，1 気圧[5]における 1 mol の理想気体が占める体積を求めよ．

【解答】 0℃，1 気圧を国際単位系の数値で示すと，

$$p = 1.0133 \times 10^5 \, \text{Pa} \tag{4.13}$$

$$T = 273.15 \, \text{K} \tag{4.14}$$

となる．1 mol の理想気体に対する状態方程式 $pV = RT$ より

$$V = \frac{RT}{p} = \frac{8.3145 \times 273.15}{1.0133 \times 10^5} \, \text{m}^3 = 2.2413 \times 10^{-2} \, \text{m}^3 = 22.4 \, \text{L} \tag{4.15}$$

である． □

理想気体を考え，分子間の相互作用を無視しているので，気体分子全部の運動エネルギーの和が内部エネルギー $U = NE$ となり，

$$pV = \frac{2}{3} N \frac{1}{2} m \langle v^2 \rangle = \frac{2}{3} NE = \frac{2}{3} U \tag{4.16}$$

---

[3] 静止して基底状態にある自由な炭素 12（^{12}C）原子の質量の 12 分の 1 と等しい．質量の非 SI 単位（記号 u）であり，2019 年の SI 単位系の改定により SI 併用単位ではなくなった．なお，同じ単位の別称（と記号）としてダルトンがあり，ダルトンは SI 併用単位である．

$$1 \, \text{u} = 1.660\,539\,066\,60(50) \times 10^{-27} \, \text{kg}$$

[4] モル質量と分子量は次元が異なる．分子量は無次元量であるが，質量の次元を M，物質の次元を N で表すと，モル質量の次元は [M N^{-1}] である．

[5] この状態を**標準状態**とよぶことがある．しかし，標準状態は科学の分野や学会・国際規格団体等で異なっている．例えば，IUPAC（International Union of Pure and Applied Chemistry）は 1982 年に 0℃，1 bar $= 10^5$ Pa を標準温度と圧力（Standard Temperature and Pressure, STP）として推奨している．

70　第4章　分子の運動から見た熱力学（気体分子運動論とマクスウェル分布）

という関係式を得る．また，式 (4.10) を用いると，内部エネルギー U は

$$U = NE = nN_{\mathrm{A}}\frac{3}{2}kT = \frac{3}{2}nRT \tag{4.17}$$

となる．

── 例題 4.2 ──

0℃，1 気圧における分子 1 個あたりの 2 乗平均速度 $\sqrt{\langle v^2 \rangle}$ を求めよ．

【解答】　式 (4.10) より，

$$\langle v^2 \rangle = \frac{3kT}{m} = \frac{3RT}{M} \tag{4.18}$$

$$\sqrt{\langle v^2 \rangle} = \sqrt{\frac{3RT}{M}} \tag{4.19}$$

である．したがって，

$$\sqrt{\langle v^2 \rangle} = \sqrt{\frac{3RT}{M}} = \sqrt{\frac{3 \times 8.314 \times 273.15}{M}} = \frac{82.5}{\sqrt{M}} \ \mathrm{m/s} \tag{4.20}$$

である．　　　　　　　　　　　　　　　　　　　　　　　　　　　　　　□

4.3　理想気体の比熱

　この節では 1 mol の物質に対する比熱を議論する．2.4 節に示したように，定積比熱は式 (2.30) より，

$$C_V = \left(\frac{\partial U}{\partial T}\right)_V \tag{4.21}$$

である．$n = 1$ mol の理想気体に対して，$U = \frac{3RT}{2}$ なので，

$$C_V = \frac{3}{2}R \tag{4.22}$$

となる．実在の気体に対して測定すると，1 個の原子が分子を構成している貴ガスであるヘリウムやアルゴンは近い値を示す．一方で，窒素や酸素のように，2 個の原子が 1 個の分子を形づくっているガスでは $\frac{5R}{2}$ の値に近い数値を

4.3 理想気体の比熱

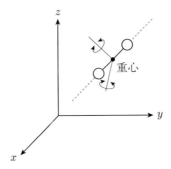

図 4.3 2 原子分子の自由度

示す．これは，図 4.3 に示すように単原子分子は x, y, z の 3 方向に対して運動する自由度をもつが，2 原子分子では，分子の重心が 3 方向に対してもつ運動の自由度に加えて，分子の軸に垂直で互いに直交する 2 軸の周りの回転の 2 つの自由度が影響している．すなわち 5 つの自由度の結果である．1 原子が 3 自由度をもつので，2 原子分子であれば 6 個の自由度をもつが，量子力学的な効果で 2 原子分子の軸に沿った振動の自由度が量子化されて，低温から室温程度までは振動モードが励起されないことにより自由度が減少しているからである．

すなわち，内部エネルギーは 1 自由度ごとに $\frac{1}{2}RT$ のエネルギーをもち，f の自由度であれば，$\frac{f}{2}RT$ の自由度をもつことになる．これを**エネルギー等分配の法則**という．

マイヤーの法則の式 (2.51) より，理想気体に対して $C_p = C_V + R$ が成り立つ．ゆえに，自由度が f の理想気体分子に対する定圧比熱は

$$C_p = \frac{f}{2}R + R = \frac{f+2}{2}R \tag{4.23}$$

である．

自由度 f を観測結果から求める方法を考えよう．弾性体の理論では，音速 v は密度 ρ と圧力 p との間に

$$v = \sqrt{\frac{dp}{d\rho}} \tag{4.24}$$

の関係があることが知られている．この関係式は証明なしで用いることとする．

72　第4章　分子の運動から見た熱力学（気体分子運動論とマクスウェル分布）

──── 例題 **4.3** ────

$v = \sqrt{\dfrac{dp}{d\rho}}$ の両辺の次元が等しいことを示せ.

【解答】　速度 v, 圧力 p, 密度 ρ の次元はそれぞれ,

$$[v] = \left[\mathrm{LT}^{-1} \right] \tag{4.25}$$

$$[p] = \frac{\left[\mathrm{LMT}^{-2} \right]}{\left[\mathrm{L}^2 \right]} = \left[\mathrm{L}^{-1}\mathrm{MT}^{-2} \right] \tag{4.26}$$

$$[\rho] = \frac{[\mathrm{M}]}{[\mathrm{L}^3]} = \left[\mathrm{L}^{-3}\mathrm{M} \right] \tag{4.27}$$

である. ここで, 長さの次元を L, 質量の次元を M, 時間の次元を T を用いて表している. したがって,

$$\left[\sqrt{\frac{dp}{d\rho}} \right] = \left(\frac{\left[\mathrm{L}^{-1}\mathrm{MT}^{-2} \right]}{[\mathrm{L}^{-3}\mathrm{M}]} \right)^{\frac{1}{2}} = \left[\mathrm{L}^2\mathrm{T}^{-2} \right]^{\frac{1}{2}} = \left[\mathrm{LT}^{-1} \right] \tag{4.28}$$

となり, 両辺の次元が一致する. □

　物体の全質量 ρV は音波が伝わるときも一定である. また, 断熱変化では $pV^\gamma = $ 一定 である. このことから, $p \propto \rho^\gamma$ となり,

$$v = \sqrt{\gamma \frac{p}{\rho}} \tag{4.29}$$

を導くことができる. 詳細は章末問題とする. この式より, 音速, 圧力, 密度の測定より比熱比を求めることができる.

　比熱比と自由度の関係は,

$$\gamma = \frac{C_p}{C_V} = \frac{f+2}{f} \tag{4.30}$$

であるので,

$$f = \frac{2}{\gamma - 1} \tag{4.31}$$

から, 自由度 f が比熱比から求めることができる.

4.4 気体分子を分配する方法

　前節までは理想気体をモデルとして気体分子運動論により，温度の分子レベルでの意味や比熱を求めた．しかし，平均値としての値を示すにとどまっている．この節以降，確率の概念を用いることにより速度分布を求めて，第5章の統計力学の考え方に接続しよう．

　では，どのようにして確率の考え方を取り入れるのだろうか．まずはサイコロの例で説明しよう．サイコロの出る目を力学で予測するためには，サイコロを投げ出す速度や回転の初期条件やサイコロが跳ね返ったり転がったりするときの摩擦係数などの条件を与えた上で，運動方程式を解く必要がある．1個のサイコロを1回振る場合でも，初期条件やその他の条件を得て，運動方程式を解き，サイコロの目を予想するだけでもかなり困難な問題である．したがって，多数回サイコロを振ったときや同時に多くのサイコロを振ったときの目の期待値を力学的に予想することは，ほぼ不可能である．しかし，我々はそれぞれの目が $\frac{1}{6}$ の確率で現れることを知っている．1回振ったときの目を確率で言い当てることはできないが，多数回振ったときの期待値は

$$1 \times \frac{1}{6} + 2 \times \frac{1}{6} + 3 \times \frac{1}{6} + 4 \times \frac{1}{6} + 5 \times \frac{1}{6} + 6 \times \frac{1}{6} = 3.5 \tag{4.32}$$

と求めることができる．また，多数回振ることにより，この期待値に近づくことを知っている．すなわち，サイコロの軌道を運動方程式を解いて求めて，サイコロの目を予想することをやめ，多数回振ることにより，サイコロの目を確率で予想できることを用いて，期待値などを求めるのである．

　連続的な位置や運動量を扱う熱力学での問題をサイコロの目で説明した確率に結びつけるためにはどうすればいいだろうか．位置や速度をいくつかの区間に分けて，その区間を1つの運動状態と考える．それぞれの区間（運動状態）に粒子が何個存在しているかで粒子系の運動状態を表すこととする．この近似方法を**粗視化**とよぶ．また，各区間に粒子が何個存在するかは確率を導入して予測することになるが，粒子数が非常に大きいことから期待値からのずれ（ゆらぎ）は小さくなり，このゆらぎが測定精度程度またはそれより小さくなれば，確率によって導いた結果が十分意味のあるものとなる．このことは，4.5節で具体的に計算して説明する．

74 第4章 分子の運動から見た熱力学（気体分子運動論とマクスウェル分布）

位置空間での確率分布を説明するため，体積 V の容器の中に N 個の気体分子がある場合を考える．容器を n 個の部分に分割し，それぞれの領域に存在する分子の個数（分子の分布）で状態を表す．この手法が粗視化である．それぞれの領域に番号をつけ，それぞれの領域の体積を $V_1, V_2, \ldots, V_n$，それぞれの領域に存在する分子の個数を $N_1, N_2, \ldots, N_n$ とする．

まずは分子をそれぞれの領域に分配する方法を考えよう．$n = 1$ の場合は，$V = V_1$，$N = N_1$ の1通りだけである．$n = 2$ の場合は，$V = V_1 + V_2$，$N = N_1 + N_2$ となる．$N = 1$ の場合は，1個の分子が領域1に存在するか領域2に存在するかの2通りとなる．領域を2つに分けて粗視化を行ったわけだが，個々の領域の中で分子がどの位置に存在するかで分子を分配する方法の数が決まると考える．分子の位置は連続的に変えられるので，分配する方法の数としては無限に存在するのであるが，領域の体積に比例して，体積が大きい領域の方が小さい領域より分子を配置する位置は多いと考える方が素直である．すなわち，分子を分配する方法の数は領域の体積に比例するとする．このとき，分配する方法の数 $W(N_1, N_2)$ を

$$W(1,0) = V_1, \quad W(0,1) = V_2 \tag{4.33}$$

と表すことができる[6]．$W(1,0) + W(0,1) = V_1 + V_2 = V$ なので，それぞれの確率 $w(N_1, N_2)$ は

$$w(1,0) = \frac{V_1}{V}, \quad w(0,1) = \frac{V_2}{V} \tag{4.34}$$

となる．ただし，分配する方法のすべてが等しい割合で実現されると仮定することにより導いた確率であり，この仮定に根拠があるわけではない．しかし，気体分子が特定の場所に存在することは考えにくく，妥当な仮定と考えられる．また，この後で説明するように，サイコロの例と同様に，この仮定のもとで得られた結果は，実際に経験する現象とよく一致している．したがって以下

---

[6] ある条件（この場合は (N_1, N_2)）に属する分配する方法の数（微視的状態数）がその条件を満たす巨視的な状態を実現する重み（weight）を表していると考えるので，記号 W を用いる．仕事と同じ記号を用いるので，混同しないように，分配する方法の数を表すときは必ず条件を示すこととする．

4.4 気体分子を分配する方法

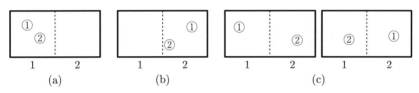

図 4.4 $n=2$, $N=2$ の場合. (a) 2 個とも領域 1 に存在する場合. (b) 2 個とも領域 2 に存在する場合. (c) 1 個ずつが別の領域に存在する場合.

では,分配する方法のすべてが等しい割合で実現されるという仮定[7]のもとでそれぞれの状態に分配する確率(**分布確率**)を求める.

$N=2$ の場合は図 4.4 に示すように 4 通りとなる.図 (a) が 2 個とも領域 1 に存在する場合であり,図 (b) が 2 個とも領域 2 に存在する場合である.図 (c) の 1 個ずつ別の領域に分子が存在する場合は,分子が入れ替わることが可能である.分子にも番号をつけると 1 番目の分子が領域 1 に存在する場合と領域 2 に存在する場合が存在するので,2 個とも同じ領域に入る場合より 2 倍の可能性がある.したがって,分配する方法の数 $W(N_1, N_2)$ は

$$W(2,0) = V_1^2, \quad W(1,1) = 2V_1 V_2, \quad W(0,2) = V_2^2 \tag{4.35}$$

である.$W(2,0) + W(1,1) + W(0,2) = V^2$ なので,分布確率 $w(N_1, N_2)$ は

$$w(2,0) = \left(\frac{V_1}{V}\right)^2, \quad w(1,1) = 2\left(\frac{V_1}{V}\right)\left(\frac{V_2}{V}\right), \quad w(0,2) = \left(\frac{V_2}{V}\right)^2 \tag{4.36}$$

となる.2 の係数は数学で組合せとよばれる概念である.(図 4.5(a) 参照)

例題 4.4

$W(2,0) + W(1,1) + W(0,2) = V^2$ を確かめよ.

【解答】

$$\begin{aligned} W(2,0) + W(1,1) + W(0,2) &= V_1^2 + 2V_1 V_2 + V_2^2 \\ &= (V_1 + V_2)^2 = V^2 \end{aligned} \tag{4.37}$$

□

---

[7] 統計力学では等確率の原理(等重率の原理)とよばれる仮定で,5.4.1 項で説明する.

76 第4章 分子の運動から見た熱力学（気体分子運動論とマクスウェル分布）

(a)			(b)		
領域	1	2	領域	1	2
	1	2		1	2	3
	2	1		1	3	2
				2	1	3
				2	3	1
				3	1	2
				3	2	1

図 4.5　組合せの例. (a) $n = 2$, $N_1 = 1$, $N_2 = 1$ の場合. (b) $n = 3$,
$N_1 = 2$, $N_2 = 1$ の場合. 青色の枠の数字は領域の番号を表
している. その下の白地の枠の数字はそれぞれの領域に存在す
る分子の番号を示す. 線で結んだ組合せは同じ状態を示してい
る.

$N = 3$ の場合の分配する方法の数がどうなるか見てみよう. (N_1, N_2) は
$(3,0)$, $(2,1)$, $(1,2)$, $(0,3)$ の4種類がある. $N_1 = 2$, $N_2 = 1$ の場合を考え
よう. 3つの分子の並び方（順列）は $3! = 6$ 通りがある. そのうち, 同じ領
域に同じ分子が存在し順番が異なっている $2! = 2$ 個は同じ状態であるので,
$\frac{3!}{2!} = \frac{6}{2} = 3$ 通りが $(2,1)$ の組合せの数である.（図 4.5(b) 参照）

$n = 2$ の場合は, N 個の並び方の数である順列 $N!$ のうち, 最初の N_1 個と
して同じものを選んでも並び方は $N_1!$ 個あるので, その数で割る必要がある.
また, 残りの $N - N_1$ 個も同様である. したがって, N 個の中から N_1 個を選
ぶ組合せは

$$\mathrm{C}(N_1, N - N_1) = \frac{N!}{N_1!(N - N_1)!} \tag{4.38}$$

である[8]. $n = 3$ の場合は, $(N_1, N_2, N_3 = N - N_1 - N_2)$ の組合せ $\mathrm{C}(N_1, N_2,$
$N - N_1 - N_2)$ を考える必要がある. $\mathrm{C}(N_1, N - N_1)$ の場合に加えて, 残りの
$N - N_1$ 個から N_2 個を選ぶ組合せも考える必要があるので,

$$\mathrm{C}(N_1, N_2, N - N_1 - N_2) = \frac{N!}{N_1! N_2! (N - N_1 - N_2)!} \tag{4.39}$$

となる.

---

[8] 高校数学における組合せの記号では $_N\mathrm{C}_{N_1}$ である.

例題 4.5

$n=2$, $N=4$, $N_1=2$, $N_2=2$ の場合の組合せを求めよ．

【解答】 図 4.6 に示すように，すべての並べ方は $4! = 24$ 通りあるが，領域 1 の中で $2! = 2$ の組合せ，領域 2 の中で $2! = 2$ の組合せがあるので，

$$C(2,2) = \frac{4!}{2!2!} = \frac{24}{2 \times 2} = 6 \tag{4.40}$$

通りである[9]．　□

ここまでの結果をまとめると，N 個の分子が n 個に分割された領域にそれぞれ $N_1, N_2, \ldots, N_n$ 個に分配される方法の数は，

$$\begin{aligned}W(N_1, N_2, \ldots, N_n) &= C(N_1, N_2, \ldots, N_n) V_1^{N_1} V_2^{N_2} \cdots V_n^{N_n} \\ &= \frac{N!}{N_1! N_2! \cdots N_n!} V_1^{N_1} V_2^{N_2} \cdots V_n^{N_n}\end{aligned} \tag{4.41}$$

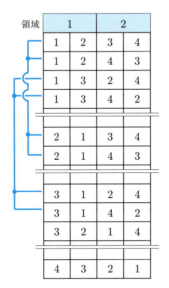

図 4.6 $n=2$, $N=4$, $N_1=2$, $N_2=2$ の場合．線で結んだ組合せは同じ状態を示している．

---

[9] 高校数学における組合せの記号では $_4C_2$ である．

78 第4章 分子の運動から見た熱力学（気体分子運動論とマクスウェル分布）

であり，分布確率 $w(N_1, N_2, \ldots, N_n)$ は

$$
\begin{aligned}
w(N_1, N_2, \ldots, N_n) &= C(N_1, N_2, \ldots, N_n) \left(\frac{V_1}{V}\right)^{N_1} \left(\frac{V_2}{V}\right)^{N_2} \cdots \left(\frac{V_n}{V}\right)^{N_n} \\
&= \frac{N!}{N_1! N_2! \cdots N_n!} \left(\frac{V_1}{V}\right)^{N_1} \left(\frac{V_2}{V}\right)^{N_2} \cdots \left(\frac{V_n}{V}\right)^{N_n} \quad (4.42)
\end{aligned}
$$

である．ここで，$(x_1, x_2, \ldots, x_n)$ に対する多項定理

$$
\sum_{\{N_j\}} \frac{N!}{N_1! N_2! \cdots N_n!} x_1^{N_1} x_2^{N_2} \cdots x_n^{N_n} = (x_1 + x_2 + \cdots + x_n)^N \quad (4.43)
$$

を用いて，

$$
\sum_{\{N_j\}} W(N_1, N_2, \ldots, N_n) = (V_1 + V_2 + \cdots + V_n)^N = V^N \quad (4.44)
$$

となることを利用した．ここで，$\sum_{\{N_j\}}$ は $N_1 + N_2 + \cdots + N_n = N$ の条件のもとで，$(N_1, N_2, \ldots, N_n)$ のすべての組合せで和をとることを表している．

以上の結果より，領域1（体積 V_1）に存在する分子数の平均値（期待値）$\overline{N_1}$ は

$$
\overline{N_1} = \frac{V_1}{V} N \quad (4.45)
$$

で表すことができる．（本章の章末問題参照）

4.5 スターリングの公式と最大確率

実際の気体分子などを取り扱う際は，アボガドロ数に近い大きな数になるため，大きな数に対して成り立つ近似式（**スターリングの公式**）を用いることにより，確率や平均値の近似値を求めることができる．自然対数を用いた方が便利なことが多いので，下記の式を用いる．

$$
\begin{aligned}
\log N! &\cong N \log N - N + \frac{1}{2} \log (2\pi N) \\
&\cong N \log N - N \quad (4.46)
\end{aligned}
$$

対数を用いない場合は，

4.5 スターリングの公式と最大確率

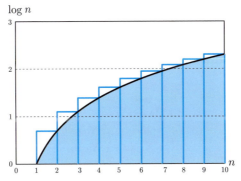

図 4.7 $\log N! = \sum_{n=1}^{N} \log n \cong \int_1^N \log n \cdot dn$ を説明する図

$$N! \cong \sqrt{2\pi N} N^N e^{-N}$$
$$\cong N^N e^{-N} \tag{4.47}$$

である.

スターリングの公式が成り立つことは，次のように示すことができる.

$$\log N! = \log[1 \cdot 2 \cdots (N-1) \cdot N] = \sum_{n=1}^{N} \log n \tag{4.48}$$

より，図 4.7 の階段状の面積（個々の長方形の横幅が 1 であり，高さは右端の n の $\log n$ に対応する）が $\log N!$ を表していることがわかる.（図は $N = 10$ に相当.）一方，図の実線は $\log n - n$ を表しており，青色部分の面積は，

$$\int_1^N \log n \cdot dn = [n \log n - n]_1^N = N \log N - N + 1 \tag{4.49}$$

である．N が大きくなると，$\log N!$ に相当する階段状の図形の面積を $\int_1^N \log n \cdot dn$ に相当する青色部分の面積で近似できることがわかる．さらに，N が十分大きな数として 1 を無視するとスターリングの公式となる.

例題 4.6

スターリングの公式を用いて式 (4.41) の $W(N_1, N_2, \ldots, N_n)$ を用いた $\log W$ の近似式を求めよ．

【解答】 スターリングの公式 $N! \cong N^N e^{-N}$ を用いると

80 第4章 分子の運動から見た熱力学（気体分子運動論とマクスウェル分布）

$$
\begin{aligned}
\frac{N!}{N_1! N_2! \cdots N_n!} &\cong \frac{N^N e^{-N}}{N_1^{N_1} e^{-N_1} \cdot N_2^{N_2} e^{-N_2} \cdots N_n^{N_n} e^{-N_n}} \\
&= \frac{N^N e^{-(N_1 + N_2 + \cdots + N_n)}}{N_1^{N_1} e^{-N_1} \cdot N_2^{N_2} e^{-N_2} \cdots N_n^{N_n} e^{-N_n}} \\
&= \frac{N^N}{N_1^{N_1} \cdot N_2^{N_2} \cdots N_n^{N_n}} \\
&= \left(\frac{N}{N_1}\right)^{N_1} \left(\frac{N}{N_2}\right)^{N_2} \cdots \left(\frac{N}{N_n}\right)^{N_n}
\end{aligned}
\tag{4.50}
$$

となる．したがって，

$$
\begin{aligned}
W(N_1, N_2, \ldots, N_n) &= \frac{N!}{N_1! N_2! \cdots N_n!} V_1^{N_1} V_2^{N_2} \cdots V_n^{N_n} \\
&\cong \left(\frac{N}{N_1}\right)^{N_1} V_1^{N_1} \left(\frac{N}{N_2}\right)^{N_2} V_2^{N_2} \cdots \left(\frac{N}{N_n}\right)^{N_n} V_n^{N_n} \\
&= N^{N_1 + N_2 + \cdots + N_n} \left(\frac{V_1}{N_1}\right)^{N_1} \left(\frac{V_2}{N_2}\right)^{N_2} \cdots \left(\frac{V_n}{N_n}\right)^{N_n}
\end{aligned}
$$

$$
\log W(N_1, N_2, \ldots, N_n) \cong N \log N + \sum_{j=1}^{n} N_j \log \frac{V_j}{N_j}
\tag{4.51}
$$

を得る． □

　スターリングの公式で簡単に計算が可能になったので，分子数が大きな数になると分布確率が最大値近傍で集中することを具体的な計算結果で説明する．式 (4.42) と式 (4.50) より分布確率 w として

$$
w(N_1, N_2, \ldots, N_n) \cong \left(\frac{N}{N_1} \frac{V_1}{V}\right)^{N_1} \left(\frac{N}{N_2} \frac{V_2}{V}\right)^{N_2} \cdots \left(\frac{N}{N_n} \frac{V_n}{V}\right)^{N_n}
\tag{4.52}
$$

を得る．この式を用いて $n = 2$, $V_1 = V_2 = \frac{V}{2}$ の場合における $N = 1\,000$, $10\,000$, $100\,000$ の $w(N_1, N - N_1)$ を計算し N_1 に対する依存性を図 4.8 に示した．N が大きくなるに従い，$w(N_1, N - N_1)$ の最大値は小さくなり，ピークは広がっているように見える．しかし，いずれの N においても $w(N_1, N - N_1)$ は $\frac{N_1}{N} = 0.5$ で最大値をもつので，$\frac{N_1}{N}$ に対する依存性を調べるため，$w(N_1, N - N_1) - \frac{N_1}{N}$ のグラフ（図 4.9）をプロットした．分子数 N に対す

4.5 スターリングの公式と最大確率

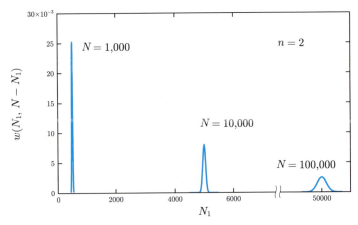

図 4.8　N の違いによる $w(N_1, N-N_1) - N_1$ の変化（$n=2$, $V_1 = V_2 = \frac{V}{2}$ の場合）．$N = 1\,000, 10\,000, 100\,000$ について描画している．

る割合としては，N が大きくなるほど w のピークの幅は狭くなっている．

さらに，縦軸を $w(\frac{N}{2}, \frac{N}{2})$ で規格化した w_{nor} を縦軸とした図 4.10 からよくわかるように，N が大きくなるほど w がある程度の大きさをもつ範囲（ゆらぎ）は狭くなる．アボガドロ数程度の膨大な数になれば，ゆらぎの範囲はさらに狭いものとなり，最大確率に対応する状態の数が圧倒的に多いことが理解できるだろう．詳しく計算すると w の最大値の半分の値（$w_{\text{nor}} = 0.5$）をもつ N_1 の幅は $\sqrt{N}$ に比例することがわかる．そのため，図 4.8 で見たように N が大きくなると w のピークが広がって見えるのだが，$\frac{N_1}{N}$ に対しては幅は $\frac{1}{\sqrt{N}}$ に比例するので，N の増加に対して幅は狭くなる．（図 4.10 参照）アボガドロ数程度の 10^{23} であれば，$\frac{1}{\sqrt{N}} \sim 10^{-12}$ であり，最大確率の狭い範囲に確率分布が集中しており，最大確率を与える状態のみを考えればよいことがわかる．すなわち，条件を満たす微視的状態のすべてを最大確率を与える状態のみで置き換えることができることを表している．

最大確率近傍に確率分布が集中しているとしても，w の最大値 $w_{\max}$ は N の増加とともに減少しており，最大確率を与える状態のみを考えてよいか疑問が残る．統計力学では熱力学関数を微視的状態数の和である**状態和 Ω** の対

82 第4章 分子の運動から見た熱力学（気体分子運動論とマクスウェル分布）

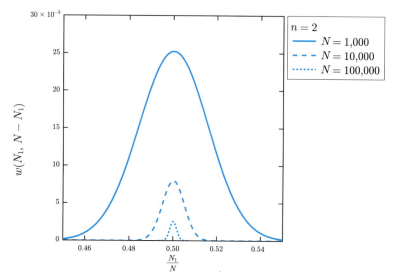

図 4.9　図 4.8 の横軸を分子数 N で規格化して $\frac{N_1}{N}$ でプロットした（$n = 2$, $V_1 = V_2$ の場合）

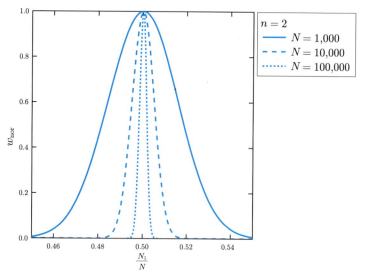

図 4.10　縦軸の w_{nor} は図 4.9 の縦軸 $w(N_1, N - N_1)$ をそれぞれの N における最大値 $w(\frac{N}{2}, \frac{N}{2})$ で規格化して $\frac{N_1}{N}$ でプロットした

4.5 スターリングの公式と最大確率

数 $\log \Omega$ で表すこと[10]から,その疑問に答えることができる.式 (4.41) において $V_1 = V_2 = 1$ とおくことによって,$W(N_1, N - N_1) = C(N_1, N - N_1)$ となる.また,微視的状態の総数は $\Omega = \sum_{N_1=0}^{N} W(N_1, N - N_1) = 2^N$ である.$N_1 = \frac{N}{2}$ で最大確率となるので,$W_{\max} = W(\frac{N}{2}, \frac{N}{2}) = C(\frac{N}{2}, \frac{N}{2})$ であり,微視的状態の総数に対する割合としては,$\frac{W_{\max}}{\Omega} = \frac{C(\frac{N}{2}, \frac{N}{2})}{2^N}$ となり,図 4.11 に示すように N の増加とともに小さな値となる.つまり,Ω を $W_{\max}$ で置き換えることはできない.しかしながら,熱力学関数と関係しているのは,Ω ではなく $\log \Omega$ である.図に示すように $\frac{\log(W_{\max})}{\log(2^N)}$ は 1 に近づき,$\log \Omega$ を $\log W_{\max}$ で置き換えることができる.つまり,$\log W$ が最大値を示す分布から,$\log \Omega$ を得ることができ,熱力学変数を求めることができる.

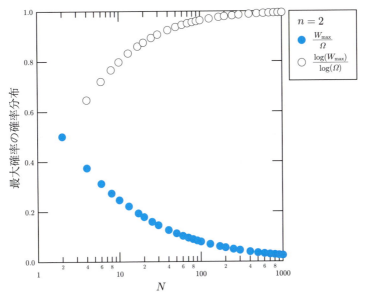

図 4.11 最大確率における組合せの数 $W_{\max}$ をすべての場合分けの数 Ω で割った $w(\frac{N}{2}, \frac{N}{2})$ とそれぞれの自然対数で割った $\frac{\log(W_{\max})}{\log(\Omega)}$ の N 依存性($n = 2$,$V_1 = V_2$ の場合)

---

[10] このことは第 6 章で説明する.

84 第4章 分子の運動から見た熱力学（気体分子運動論とマクスウェル分布）

4.6 変分法とラグランジュの未定乗数法

4.5節ではスターリングの公式を用いて分配する方法の数 $W(N_1, N_2, \ldots, N_n)$ や分布確率 $w(N_1, N_2, \ldots, N_n)$ を近似式ではあるが求める方法を説明した．また，最大確率を示す状態（$\log W$ が最大となる状態）で熱平衡状態を表せることを示した．この節では，$\log W$ または $\log w$ が最大になる分配法を求める方法を取り扱う．

関数が極大あるいは極小をとる値は，1変数の場合は微分が 0 となる値だが，多変数の場合はすべての変数に対する偏微分が 0 になる値が極値をもつ候補となる．（極値ではなく単なる停留値の場合もありうる．極値をもつかはここでは踏み込まないことにする．）分配する方法の数を議論する場合は，分子数が決まっているという条件

$$N = N_1 + N_2 + \cdots + N_n \tag{4.53}$$

も加わるので，**変分法とラグランジュの未定乗数法**を用いて，極大になる条件を調べることにする．説明を簡単にするために，まずは $n = 2$ の場合で議論する．

N_1, N_2 をそれぞれ微小量 $\delta N_1, \delta N_2$ だけ変化させたとする．そのときの $\log W$ の変化量を $\delta \log W(N_1, N_2)$ と書くとする．ここで，δ がついた量を**変分**とよぶ．偏微分を用いるとこれらの変分の間の関係は

$$\delta \log W(N_1, N_2) = \frac{\partial \log W(N_1, N_2)}{\partial N_1} \delta N_1 + \frac{\partial \log W(N_1, N_2)}{\partial N_2} \delta N_2 \tag{4.54}$$

となる．極値をもつ条件は $\delta \log W(N_1, N_2) = 0$ であるが，分子数 $N = N_1 + N_2$ は一定という条件も満たす必要がある．したがって，

$$\delta N = \delta N_1 + \delta N_2 = 0 \tag{4.55}$$

$$\delta N_2 = -\delta N_1 \tag{4.56}$$

という条件が加わる．したがって，極値をもつ条件は，

$$\left(\frac{\partial \log W(N_1, N_2)}{\partial N_1} - \frac{\partial \log W(N_1, N_2)}{\partial N_2} \right) \delta N_1 = 0 \tag{4.57}$$

$$\frac{\partial \log W(N_1, N_2)}{\partial N_1} = \frac{\partial \log W(N_1, N_2)}{\partial N_2} \tag{4.58}$$

4.6 変分法とラグランジュの未定乗数法

となる.

n が 2 よりも大きな数の場合も一般的に扱えるようにラグランジュの未定乗数法を用いる．ラグランジュの未定乗数法では，変数をすべて独立とした上で，束縛条件にある定数（**ラグランジュ定数**とよばれる）λ を掛けたものを極値をもつ条件に加える．上で考えた $n=2$ の場合は，

$$\lambda \delta N = \lambda \delta N_1 + \lambda \delta N_2 = 0 \tag{4.59}$$

を $\delta \log W(N_1, N_2)$ に加える．0 を加えて，加えた結果も 0 であるので，

$$\left(\frac{\partial \log W(N_1, N_2)}{\partial N_1} + \lambda \right) \delta N_1 + \left(\frac{\partial \log W(N_1, N_2)}{\partial N_2} + \lambda \right) \delta N_2 = 0 \tag{4.60}$$

となる．いまは $\delta N_1, \delta N_2$ を独立に扱えるので，

$$\frac{\partial \log W(N_1, N_2)}{\partial N_1} + \lambda = 0, \quad \frac{\partial \log W(N_1, N_2)}{\partial N_2} + \lambda = 0 \tag{4.61}$$

$$\frac{\partial \log W(N_1, N_2)}{\partial N_1} = \frac{\partial \log W(N_1, N_2)}{\partial N_2} = -\lambda \tag{4.62}$$

が極値をもつ条件である.

変数が多い場合も同様に書くことができる．ラグランジュ定数を λ とすると，

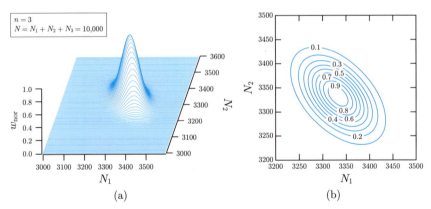

図 4.12 $n=3$ における w の N_1, N_2 依存性（$N = 10\,000$, $V_1 = V_2 = V_3$ の場合）．(a) 縦軸 w_{nor} は $w(N_1, N_2, N - N_1 - N_2)$ を $w(\frac{N}{3}, \frac{N}{3}, \frac{N}{3})$ で規格化している．(b) w_{nor} の N_1, N_2 に対する等高線図．

86　第4章　分子の運動から見た熱力学（気体分子運動論とマクスウェル分布）

$$\sum_{j=1}^{n} \left\{ \frac{\partial \log W(N_1, N_2, \ldots, N_n)}{\partial N_j} + \lambda \right\} \delta N_j = 0 \qquad (4.63)$$

となる．極値をもつ条件は

$$\frac{\partial \log W(N_1, N_2, \ldots, N_n)}{\partial N_j} = -\lambda \quad (j = 1, 2, \ldots, n) \qquad (4.64)$$

で与えられる．図 4.12 は，4.4 節で議論したモデルにおいて，$n = 3$ の場合の $N = 10\,000$，$V_1 = V_2 = V_3$ の条件における確率分布を N_1, N_2 を変数として描いたものである．等高線図も一緒に示している．このグラフの極値をもつ N_1, N_2 を求める条件が式 (4.64) である．

4.7 位相空間とマクスウェル分布

　古典力学では，初期条件として位置と速度を与えて，運動方程式を解くことでその後の運動を予測することができる．すなわち1個の粒子（分子）の運動の状態を 6 個の変数 (x, y, z, v_x, v_y, v_z) で表しており，6 次元の空間を考えれば，その中の1点が運動の状態を表すことになる．解析力学では運動エネルギーと位置エネルギーの和に相当するハミルトニアンを用いるが，ハミルトニアンの独立変数として座標と運動量を用いる．また，回転や振動のエネルギーを論じるには一般化された運動量を用いた方が都合がよい．さらに，量子論的に統計力学を考える際には，運動量を用いる方が便利である．そこで以下では，速度の代わりに運動量 $(p_x = mv_x, p_y = mv_y, p_z = mv_z)$ を用いることとする．この位置と運動量からなる空間を**位相空間**（μ 空間）という．これまで，位置空間のみで考えてきた分配する方法を位相空間に適用することにしよう．2 自由度以上では 4 個以上の変数（座標軸）が必要となり図示することができないので，図 4.13 では 1 自由度の場合の位相空間 (x, p_x) を示している．

　位相空間を小さな領域に分けて，j 番目の領域の位相空間での体積を

$$g_j = (dx dy dz dp_x dp_y dp_z)_j \qquad (4.65)$$

で表す．図では $g_j = (dx dp_x)_j$ を示している．4.4 節での位置空間のときと同様に分配する数が体積 g_j に比例すると考える．その微小領域 g_j にある分子数

4.7 位相空間とマクスウェル分布

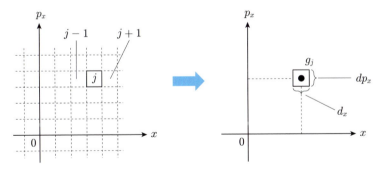

図 4.13 1自由度の場合の位相空間 (x, p_x) を小さな領域で分けた．右図の四角形は j 番目の微小領域 $g_j = (dxdp_x)_j$ のみを示している．

を N_j とすれば，分子を分配する方法の数は，

$$W(N_1 N_2, \ldots) = \frac{N!}{N_1! N_2! \cdots N_j! \cdots} g_1^{N_1} g_2^{N_2} \cdots g_j^{N_j} \cdots \tag{4.66}$$

で与えられる．スターリングの公式 (4.47) $N! \cong N^N e^{-N}$ を用いると，

$$\begin{aligned}
&W(N_1, N_2, \ldots, N_n) \\
&= \left(\frac{N}{N_1}\right)^{N_1} \left(\frac{N}{N_2}\right)^{N_2} \cdots \left(\frac{N}{N_j}\right)^{N_j} \cdots g_1^{N_1} g_2^{N_2} \cdots g_j^{N_j} \cdots
\end{aligned} \tag{4.67}$$

となる．対数をとると，

$$\begin{aligned}
\log W(N_1, N_2, \ldots, N_n) &= N_1 (\log N - \log N_1) + N_2 (\log N - \log N_2) \\
&\quad + \cdots + N_j (\log N - \log N_j) + \cdots \\
&\quad + N_1 \log g_1 + N_2 \log g_2 \cdots + N_j \log g_j + \cdots \\
&= N \log N + \sum_j N_j \log \frac{g_j}{N_j}
\end{aligned} \tag{4.68}$$

と書ける．この値を最大にする N_j の組合せが位相空間での分布を与える．位置空間のときと同じように分子数に対して $N = N_1 + N_2 + \cdots + N_j + \cdots = \sum_j N_j$ の条件を課す必要がある．ただし，位置空間の場合は全体の領域（体積）を限っていたが，運動量の大きさは無限大まで考える必要があり，全分子数に対する条件だけでは場合の数が最大となる N_j の組合せを求めることがで

88 第4章 分子の運動から見た熱力学 (気体分子運動論とマクスウェル分布)

きない. そこで, 気体分子の全エネルギーが一定に保たれているという条件を
加えることにする. これは外部とエネルギーの出入りがないことを意味してい
る[11].

まずは分子間の相互作用を無視できる場合を考えよう. その場合は, 領域 j
にある分子のエネルギー ε_j を運動エネルギーと外力に対する位置エネルギー
$\phi(x, y, z)$ の和である

$$\varepsilon_j = \frac{1}{2m}\left(p_x^2 + p_y^2 + p_z^2\right) + \phi(x, y, z) \tag{4.69}$$

と表されるので, 制限を表す式は

$$N = N_1 + N_2 + \cdots + N_j + \cdots = \sum_j N_j \tag{4.70}$$

$$E = \varepsilon_1 N_1 + \varepsilon_2 N_2 + \cdots + \varepsilon_j N_j + \cdots = \sum_j \varepsilon_j N_j \tag{4.71}$$

である. ラグランジュの未定乗数法を用いて, 分子数とエネルギーのラグラン
ジュ定数を $-\alpha + 1$ と $-\beta$ として,

$$(-\alpha + 1)\delta N = (-\alpha + 1)\sum_j \delta N_j = 0 \tag{4.72}$$

$$-\beta\delta E = -\beta\sum_j \varepsilon_j \delta N_j = 0 \tag{4.73}$$

を,

$$\delta \log W(N_1, N_2, \ldots, N_j, \ldots) = \sum_j \left(\log\frac{g_j}{N_j} - 1\right)\delta N_j = 0 \tag{4.74}$$

に足すことにより,

$$\sum_j \left(\log\frac{g_j}{N_j} - \alpha - \beta\varepsilon_j\right)\delta N_j = 0 \tag{4.75}$$

となる. ラグランジュの未定数法では, すべての δN_j は独立にとることができ
るので,

---

[11] 5.4.1 項で説明する小正準集団のモデルである.

4.7 位相空間とマクスウェル分布

$$\log \frac{g_j}{N_j} - \alpha - \beta \varepsilon_j = 0 \tag{4.76}$$

または，

$$N_j = g_j e^{-\alpha - \beta \varepsilon_j} \tag{4.77}$$

が得られる．未定定数の α と β は分子数とエネルギーの条件

$$N = \sum_j N_j = \sum_j g_j e^{-\alpha - \beta \varepsilon_j} \tag{4.78}$$

$$E = \sum_j \varepsilon_j N_j = \sum_j g_j \varepsilon_j e^{-\alpha - \beta \varepsilon_j} \tag{4.79}$$

から決めることとなる．分布関数 $f(x, y, z, p_x, p_y, p_z)$ は $\frac{N_j}{N}$ で求めることができ，

$$
\begin{aligned}
&f(x, y, z, p_x, p_y, p_z) dx dy dz dp_x dp_y dp_z \\
&= \frac{N_j}{N} = \frac{g_j e^{-\alpha}}{\sum_j g_j e^{-\alpha - \beta \varepsilon_j}} e^{-\beta \varepsilon_j} \\
&\propto \exp\left[-\beta \left\{ \frac{1}{2m} \left(p_x^2 + p_y^2 + p_z^2\right) + \phi(x, y, z) \right\}\right]
\end{aligned} \tag{4.80}
$$

である．

　この結果を，重力など外力の位置エネルギーを無視した理想気体に適用し，具体的に計算してみよう．$\phi(x, y, z) = 0$ であるので，

$$\varepsilon_j(p_x, p_y, p_z) = \frac{1}{2m} \left(p_x^2 + p_y^2 + p_z^2\right) \tag{4.81}$$

と表せる．式 (4.65) で表される j 番目の微小領域に分子が存在する確率 $\frac{N_j}{N}$ は式 (4.77)，(4.65)，(4.81) を用いて，

$$\frac{N_j}{N} = \frac{g_j}{N} e^{-\alpha - \beta \varepsilon_j} = \frac{e^{-\alpha}}{N} e^{-\beta \frac{1}{2m} (p_x^2 + p_y^2 + p_z^2)} dx dy dz dp_x dp_y dp_z \tag{4.82}$$

と変形できる．全空間で積分すると，

$$\frac{V e^{-\alpha}}{N} e^{-\beta \frac{1}{2m} (p_x^2 + p_y^2 + p_z^2)} dp_x dp_y dp_z \tag{4.83}$$

となる．より一般的に速度空間における $v_x \sim v_x + dv_x$，$v_y \sim v_y + dv_y$，$v_z \sim$

90 第4章 分子の運動から見た熱力学（気体分子運動論とマクスウェル分布）

$v_z + dv_z$ の領域に分子が存在する確率 $f(v_x, v_y, v_z)dv_x dv_y dv_z$ が式 (4.83) に対応することと，$dp_x = mdv_x$ などの関係を使うと，

$$f(v_x, v_y, v_z)dv_x dv_y dv_z = A \exp\left\{-\beta \frac{1}{2}m\left(v_x^2 + v_y^2 + v_z^2\right)\right\}dv_x dv_y dv_z \quad (4.84)$$

で与えられる．ここで，$A = \frac{m^3 V e^{-\alpha}}{N}$ とおいた．この速度分布を**マクスウェルの速度分布**とよぶ．速度分布関数は

$$f(v_x, v_y, v_z)$$
$$= A \exp\left(-\beta \frac{1}{2}mv_x^2\right) \exp\left(-\beta \frac{1}{2}mv_y^2\right) \exp\left(-\beta \frac{1}{2}mv_z^2\right) \quad (4.85)$$

となる．A と β は定数であり，全速度空間での存在確率が 1 であることと，1 分子あたりの平均のエネルギーが $\frac{E}{N}$ となる条件から決めることができる．A の表式は次の例題で，β が $\frac{1}{kT}$ となることは章末の演習問題で求めてほしい．

── 例題 4.7 ────────────────

$f(v_x, v_y, v_z)dv_x dv_y dv_z$ を全速度空間で積分した結果が 1 になることより，A の表式を求めよ．ガウス関数に関する積分公式 (4.89) を用いよ．

【解答】 式 (4.85) を全速度空間で積分したものが 1 となるので，

$$\iiint_{-\infty}^{\infty} f(v_x, v_y, v_z)dv_x dv_y dv_z = A\left\{\int_{-\infty}^{\infty} \exp\left(-\beta \frac{1}{2}ms^2\right)ds\right\}^3$$
$$= A\left(\sqrt{\frac{2\pi}{\beta m}}\right)^3 = 1 \quad (4.86)$$

となる．したがって，A は次式となる．

$$A = \left(\frac{\beta m}{2\pi}\right)^{\frac{3}{2}} \quad (4.87)$$

$\square$

数学ワンポイント　**ガウス関数**

$A \exp\left\{-\frac{(x-B)^2}{2C^2}\right\}$ の形の初等関数を**ガウス関数**という．ガウス関数のグラフは釣鐘型をしており，ガウス関数のひとつである $\exp(-\frac{x^2}{\lambda^2})$ のグラフを図 4.14 に示す．

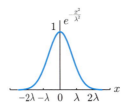

図 4.14　ガウス関数

証明は省略するが，**ガウス積分**

$$\int_{-\infty}^{\infty} e^{-x^2} dx = \sqrt{\pi} \tag{4.88}$$

を用いることで，積分公式

$$\int_{-\infty}^{\infty} e^{-\frac{x^2}{\lambda^2}} dx = \lambda\sqrt{\pi} \tag{4.89}$$

$$\int_{-\infty}^{\infty} x^2 e^{-\frac{x^2}{\lambda^2}} dx = \frac{\sqrt{\pi}}{2}\lambda^3 \tag{4.90}$$

を得ることができる．

92　第4章　分子の運動から見た熱力学（気体分子運動論とマクスウェル分布）

演 習 問 題

演習 4.1　体積 V の容器の中に2種類の気体がある．それぞれの気体分子の質量，分子数を m_1, N_1, m_2, N_2 とすると，容器が受ける圧力 p には，

$$pV = \frac{1}{3}\sum_{i=1}^{N_1} m_1 v_{1i}^2 + \frac{1}{3}\sum_{j=1}^{N_2} m_2 v_{2j}^2 \tag{4.91}$$

が成り立つことを示せ．ただし，v_{1i} は質量 m_1 の i 番目の分子の速度であり，v_{2j} は質量 m_2 の j 番目の分子の速度である．

演習 4.2　音速 v を比熱比 γ，密度 ρ，圧力 p で $v = \sqrt{\gamma\frac{p}{\rho}}$ と表せることを示せ．

演習 4.3　領域1（体積 V_1）に存在する分子数の平均値（期待値）$\overline{N_1}$ は

$$\overline{N_1} = \sum_{\{N_j\}} N_1 w(N_1, N_2, \ldots, N_n) \tag{4.92}$$

で求められる．式 (4.42) を用いて，

$$\overline{N_1} = \frac{V_1}{V} N \tag{4.93}$$

であることを示せ．

演習 4.4　ラグランジュの未定乗数法を用いて，体積 $V_1, V_2, \ldots, V_n$ の領域に分布する最も確からしい分子数 $N_1, N_2, \ldots, N_n$ を求めよ．結果が式 (4.93) と一致することを確かめよ．

演習 4.5　$n = 2$, $V_1 = V_2$ の場合，式 (4.52) をガウス関数 $e^{-\frac{(x-\mu)^2}{\lambda^2}}$ の形式に変形できることを示し，$\lambda \propto \frac{1}{\sqrt{N}}$ であることを導け．

演習 4.6　$\varepsilon_j f(v_x, v_y, v_z)dv_x dv_y dv_z$ を全速度空間で積分した結果が $\frac{E}{N}$ になることより，$\beta = \frac{1}{kT}$ であることを示せ．ガウス関数に関する積分公式 (4.90) を用いよ．

第 5 章

ミクロからマクロへ導く方法（平衡統計力学の基礎）

　第 4 章の前半では気体分子運動論によって，熱平衡状態にある気体分子のエネルギーやおよぼす力とマクロな状態量を結びつけた．しかしそこからは，分子の速度の平均値はわかるが，個々の分子の速度分布などを求めることはできない．そこで，第 4 章の後半では確率の考え方を導入してマクスウェル分布を導いた．

　この章ではさらに議論を進めて，平衡状態と微視的な状態の関係を議論し，等確率の原理や状態数，状態密度を説明する．最後に，よく用いる確率モデルである小正準集団，正準集団，大正準集団を説明する．統計力学を用いて実際の問題に応用する方法は次章以降で取り上げる．

キーワード：位相空間，代表点，プランク定数，ギブズのパラドックス，エルゴード仮説，状態数，状態密度，統計熱力学的に正常，小正準集団，等確率の原理，分配関数（状態和），仮想的統計集団，正準集団，ボルツマン因子，大正準集団

5.1　量子力学と微視的状態数

　4.7 節では 6 次元空間 (x, y, z, p_x, p_y, p_z) での点が，1 つの分子の状態を表していた．N 個の分子で構成された体系の微視的な状態を表すには N 個の分子それぞれの位置と運動量である $6N$ 個の変数が必要となる．この $6N$ 個の変数を座標とする $6N$ 次元の空間 $(x_1, y_1, z_1, x_2, y_2, z_2, \ldots, x_N, y_N, z_N, p_{x1}, p_{y1}, p_{z1}, p_{x2}, p_{y2}, p_{z2}, \ldots, p_{xN}, p_{yN}, p_{zN})$ は，この体系の**位相空間**（Γ 空間）であり，微視的状態を表す位相空間の点を体系の**代表点**とよぶ．すなわち，N 個の分子を μ 空間で表すときは N 個の点で表すが，Γ 空間では 1 つの代表点で N

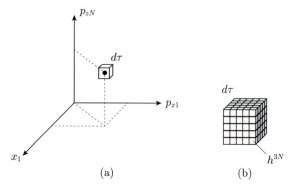

図 5.1 位相空間（Γ 空間）内の小領域．(a) 小領域 $d\tau$ 内に代表点がある場合．(b) $d\tau$ を基準となる微小な体積 h^{3N} で分割した様子．

個の分子すべての状態を表す．

位相空間（Γ 空間）を微小な領域に分割し，その 1 つの領域を

$$d\tau = dx_1 dy_1 dz_1 dx_2 \cdots dz_N dp_{x1} \cdots dp_{zN} \tag{5.1}$$

と表す．代表点がこの領域に含まれる確率は $d\tau$ の体積に比例すると考えるのが，これまでの議論と比較して妥当である．量子力学の不確定性関係を意識して，長さ×運動量に対して最小単位が存在するとして，h で表すことにする[1]．量子力学では h は**プランク定数**という物理的に意味のある物理定数であるが，古典力学では小さな定数として扱うことにする．そうすると，最小領域の体積は h^{3N} となり，$d\tau$ の中に h^{3N} が何個含まれるかが許される状態の数となる．つまり，j 番目の領域に含まれる微視的状態の数は，

$$g_j = \frac{(d\tau)_j}{h^{3N}} \tag{5.2}$$

である．古典力学では状態を連続的にとることができることから，$h \to 0$ の極限をとると $g_j \to \infty$ となる．しかしながら，マクロな状態量を求める表式では h は打ち消し合って現れないので，問題になることはない．ここで，長さ

---

[1] 不確定性関係 $\Delta x \Delta p_x \sim h$ より (x, p_x) の位相空間の面積 h の領域内は量子的に区別できないと考えることができる．付録 A では自由粒子と 1 次元調和振動子について具体的に計算している．

×運動量は**作用**とよばれる量である.

── 例題 5.1 ──

作用の次元を求めよ.

【解答】 作用は長さ×運動量なので

$$[h] = [\mathrm{L}] \cdot [\mathrm{LMT}^{-1}] = [\mathrm{L}^2\mathrm{MT}^{-1}] \tag{5.3}$$

である.次元の分け方を変えると,

$$[h] = [\mathrm{L}^2\mathrm{MT}^{-1}] = [\mathrm{L}^2\mathrm{MT}^{-2}] \cdot [\mathrm{T}] \tag{5.4}$$

となり,エネルギー×時間も作用と同じ次元である. □

　具体的な表式は第7章で議論するが,ここで不確定性関係による統計力学における古典論と量子論の違いをもう1点説明しておく.古典力学では原理的には粒子の軌道を追うことができるので,すべての粒子は区別可能である.一方,量子力学では不確定性関係のため同種粒子は区別できないと考える.したがって,区別できるのであればN個の粒子は$N!$個の置き換え(並べ替え)が可能だが,量子力学ではすべて同じ状態となる.原子や分子のミクロな世界は量子力学に従っているので,同種粒子を区別できると考えて導いた状態の数を$N!$で割る必要がある[2].

5.2 熱平衡における微視的状態

　これまで議論してきた膨大なミクロな状態とマクロな状態である熱平衡状態とを,熱力学の体系と矛盾なく結びつける必要がある.この節では,ミクロとマクロを結びつける平衡統計力学の基本となる考え方を議論する.

　5.1節では体系としてN個の分子の微視的状態を$6N$次元の位相空間における代表点で表せることを説明した.1.1節で説明したように,熱平衡状態であっても分子などの個々の構成要素は運動しており,ミクロな観点では微視

---
[2] 状態の数WとエントロピーSの関係を示した$S = k \log W$を用いて,エントロピーの示量性を説明するためには区別できないとして取り扱うことが必要である.これは**ギブズのパラドックス**とよばれている.(7.1節参照)

的状態間を時々刻々と変化している．一方，多数の構成要素の平均値，すなわち，状態量は定常状態になっている．つまり，マクロな1つの平衡状態に対応するミクロな微視的状態は多数存在していると考えることができる．微視的状態は位相空間の代表点で表されるので，熱平衡状態に緩和する過程は，初期状態に相当する位相空間内の点から代表点が移動を続け，熱平衡状態に相当する位相空間内の膨大な数の点の間を代表点が移動すると考えることとする．

次に，不可逆過程をどのように説明するかを考える．古典力学におけるニュートンの運動方程式は時間反転に対して対称な形をしており，不可逆過程を説明することはできない．付録Aで取り扱う量子力学におけるシュレーディンガー方程式も同様である．ミクロな力学系が従う物理法則から不可逆過程を説明することは困難である．一方で，前述した通り許される微視的状態の中で平衡状態に対応する状態がほとんどであり，許される微視的状態の中で平衡状態でない状態は非常にまれな状態とすると，もし，初期状態として平衡状態ではないまれな状態から始めたとしても，位相空間内を移動することによって平衡状態に到達し，その状態を継続することを自然に説明することができる．（図5.2を参照）平衡状態に対応する微視的状態がほとんどであるという仮定が妥当であるかという疑問があるかもしれないが，4.5節で見たように，粒子数が大きな数になると，同じ巨視的状態に対応する微視的状態が圧倒的

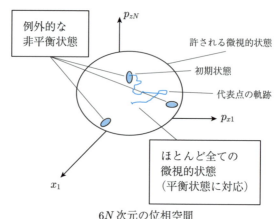

図5.2　位相空間における許される微視的状態．本文中の説明を補足するための概念図．厳密性はないことに注意．

5.2 熱平衡における微視的状態　　**97**

な数になり，異なる巨視的状態に対応する微視的状態はまれな状態となる．な
お，**許される微視的状態**とは，マクロな系で設定した条件，例えば，体積，粒
子数，系の全エネルギーなどが一定などの条件のもとで許される微視的状態と
いういうことである．どのようなモデルを考えるかによって分布関数などの式
は異なるが，ここで述べた基本的な考え方は同じである．

　このような考え方のもとで，具体的に状態量を計算する方法としては，確率
論において期待値を求める方法を用いる．すなわち，各微視的状態で得られ
る物理量にその微視的状態が出現する確率（重み）を掛けて平均をとるのであ
る．量子論的には各量子状態における物理量の値と出現する確率を掛けたもの
の和をとればよい．古典論的には位相空間（Γ 空間）の微小な領域ごとに物
理量と確率を掛けて積分する．具体的な式としては，物理量 A の期待値，つ
まり熱平衡状態での状態量 $\overline{A}$ は

$$（量子論）\overline{A} = \sum_j A_j f_j \tag{5.5}$$

$$（古典論）\overline{A} = \int A(\boldsymbol{q},\boldsymbol{p}) f(\boldsymbol{q},\boldsymbol{p}) \frac{d\tau}{h^{3N}} \tag{5.6}$$

である．ここで，量子状態 j における A の値[3]が出現する確率を f_j とした．
また，$(x_1, y_1, z_1, \ldots, x_N, y_N, z_N)$ を簡単に $\boldsymbol{q}$，$(p_{x1}, p_{y1}, p_{z1}, \ldots, p_{xN}, p_{yN},$
$p_{zN})$ を簡単に $\boldsymbol{p}$ と表し，Γ 空間の中の点 $(\boldsymbol{q}, \boldsymbol{p})$ における A の値と分布関数
を $A(\boldsymbol{q},\boldsymbol{p}), f(\boldsymbol{q},\boldsymbol{p})$ とした．なお，Γ 空間における $\boldsymbol{q} \sim \boldsymbol{q} + d\boldsymbol{q}$，$\boldsymbol{p} \sim \boldsymbol{p} + d\boldsymbol{p}$
の微小区間に存在する確率が $f(\boldsymbol{q},\boldsymbol{p})d\tau$ と表される．$d\tau$ は式 (5.1) の通りであ
り，$\boldsymbol{q}, \boldsymbol{p}$ を用いて $d\tau = d\boldsymbol{q}d\boldsymbol{p}$ と表すこともある．

　力学において平均の速度や平均の加速度のように，物理量の平均値を求める
際には時間平均をとる．上記で説明した方法は位相空間での平均に対応する．
この 2 つの平均を結びつけるものが**エルゴード仮説**であり，十分に長い時間
に対する時間平均が位相空間での平均と等しいという仮説である．この仮説が
成り立っていると仮定して位相空間での平均で説明している教科書も多い．し
かしながら，エルゴード仮説は統計力学の基礎としては的を外しているという

---

[3] 量子状態 j の波動関数を $\psi_j(\boldsymbol{q})$ とすると，$A_j = \int \psi_j^*(\boldsymbol{q}) A \psi_j(\boldsymbol{q}) d\boldsymbol{q}$ である．

98　　第5章　ミクロからマクロへ導く方法（平衡統計力学の基礎）

主張もあり[4]，ここではその主張を参考に，エルゴード仮説を用いずに説明した．なお，エルゴード仮説を用いたとしても，位相空間での平均をとることには変わりなく，今後の議論に変更はない．

5.3　状態数と統計熱力学的に正常な系

　粒子数 N，体積 V，電場などの外力のパラメータ x などが指定された系のエネルギー固有状態をエネルギーの大きさ E_j の順に並べ，あるエネルギー E 以下であるエネルギー固有状態の総数をこの系の**状態数** $\Omega(E, N, V, x)$ と定義する．明記しなくてもわかる場合は引数を省略して $\Omega(E)$ と書く．量子論では，

$$\Omega(E) = \sum_{E_j \leq E} 1 \tag{5.7}$$

であり，古典論では，

$$\Omega(E) = \frac{1}{h^{3N} N!} \int_{H(\boldsymbol{q},\boldsymbol{p}) \leq E} d\tau \tag{5.8}$$

となる．ここで，$H(\boldsymbol{q},\boldsymbol{p})$ はハミルトニアンであり，$H(\boldsymbol{q},\boldsymbol{p}) \leq E$ を満たす位相空間に対して積分を行う．なお，粒子の種類は1種類の場合の式を示している．

　状態数のエネルギーに対する変化の割合を**状態密度**

$$\frac{d}{dE}\Omega(E) \tag{5.9}$$

という．δE が微小量であれば，エネルギー固有値 E_j が $E \leq E_j < E + \delta E$ の条件を満たす状態の数 $W(E, \delta E)$ は，

$$W(E, \delta E) = \Omega(E + \delta E) - \Omega(E) \cong \frac{d\Omega(E)}{dE}\delta E \tag{5.10}$$

となる．

　巨視的な体積をもつ一般的な系においては，状態数 $\Omega(E)$ は

---

[4] 田崎晴明著，統計力学 I, II（培風館，新物理学シリーズ）[3, 4]

$$\Omega(E) \sim \exp\{V\sigma(\varepsilon, \rho)\} \tag{5.11}$$

という性質をもつ．この性質をもつ系を**統計熱力学的に正常**という．この式の意味は，密度 $\rho\ (=\frac{N}{V})$ とエネルギー密度 $\varepsilon\ (=\frac{E}{V})$ を一定に保って体積 V を大きくしたときに極限

$$\sigma(\varepsilon, \rho) = \lim_{V \to \infty} \frac{1}{V} \log \Omega(E) \tag{5.12}$$

が存在することを示している．なお，σ に対して

$$\sigma > 0, \quad \frac{d\sigma}{d\varepsilon} > 0, \quad \frac{d^2\sigma}{d\varepsilon^2} < 0 \tag{5.13}$$

の関係があることが知られている．具体的な例として，立方体に閉じ込められた N 個の自由粒子の系において，式 (5.12) が成り立つことを付録 B で紹介する．

5.4 確率モデル

　この節では，5.2 節で説明した方法で，微視的な状態における場合の数（ミクロな視点）を熱平衡状態における状態量（マクロな視点）と結びつける具体的な確率モデルを 3 つ説明する．それぞれ，小正準集団，正準集団，大正準集団とよぶ．ここでは，確率モデルの考え方を簡単に説明し，確率分布の表式を求めるまでにとどめ，具体的な分配関数の計算や熱力学との接続は第 6 章で説明する．

5.4.1 小正準集団

　簡単な確率モデルとして，体系の粒子数と全エネルギーが一定であり，外界と粒子やエネルギーの出入りがない，孤立系を考えよう．すなわち，体積 V の中に同じ種類の粒子が N 個存在し，粒子系全体のエネルギー E が $U - \Delta U$ と U の間に限定されるとする[5]．ここで，ΔU を導入したのは，許される条

---

[5] $U - \Delta U$ から U としたのは特に意味はない．強いてあげれば，次項の正準集団での確率分布の導出の計算が楽になるからである．U から $U + \Delta U$ でも，$U - \frac{\Delta U}{2}$ から $U + \frac{\Delta U}{2}$ でも本質的には変わらない．

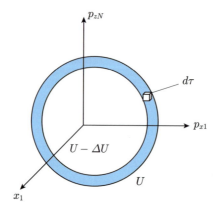

図 5.3 位相空間（Γ 空間）における小正準集団で許される微視的状態

件を満たす微視的状態が十分多く存在する必要があるためである．つまり，

$$U - \Delta U < E_j \leq U \tag{5.14}$$

を満たすエネルギー値 E_j をもつ微視的状態が十分多く存在する程度に ΔU は大きい必要がある．一方で，このモデルで許される微視的状態のほとんどすべてはマクロでは1つの平衡状態に対応する必要があるので，ΔU は大きすぎてもいけない．さらに，このモデルで得られる物理量（の平均値）は ΔU の決め方によらない．つまり，このモデルにおける ΔU は計算するために導入した便宜的なパラメータである．位相空間（Γ 空間）で表すと，図 5.3 に示すように $U - \Delta U$ と U の2つの等エネルギー面で囲まれた空間が，許された状態である．ここで定義したモデルを**小正準集団**または**ミクロカノニカルアンサンブル**とよぶ．

　小正準集団における状態量を求めるにはエネルギー E_j をもつ微視的状態が出現する確率（重み）を決める必要がある．もちろん，色々な重みの決め方が存在し，それぞれの方法により求められる状態量は多少異なることが予想される．しかしながら，平衡状態に対応する微視的状態がほとんど大多数と考えているので，それ以外の非常にまれな微視的状態に対する重みを極端に大きくしない限り，重みの決め方には大きくは依存しないことが期待される．そこで，（許される）すべての微視的状態が同じ重みで実現されると仮定する．これを**等確率の原理**または**等重率の原理**とよぶ．原理という名前がついている

が，仮定のひとつであり，この仮定から求めた結果が現実の結果と一致しなければ，仮定を変える必要があるが，この仮定はマクロな熱平衡状態を説明するのに成功している．等確率の原理により小正準集団の E_j をもつ微視的状態が出現する確率 f_j は

$$
f_j = \begin{cases} \dfrac{1}{W(U, \Delta U)}, & U - \Delta U < E_j \leq U \text{ のとき} \\ 0, & \text{それ以外} \end{cases} \tag{5.15}
$$

と表現することができる．ここで，$W(U, \Delta U)$ は $U - \Delta U < E_j \leq U$ を満たす微視的状態の総数であり，小正準集団の**状態和**または**分配関数**とよぶ．また，式 (5.15) で示される確率分布を小正準集団の確率分布（**小正準分布**または**ミクロカノニカル分布**）とよぶ．熱力学のエントロピー S とはボルツマンの原理

$$
S = k \log W(U, \Delta U) \tag{5.16}
$$

で関係している．ボルツマンの原理，$W(U, \Delta U)$ の具体的な式や ΔU に依存しないことの詳細等は，第 6 章以降で取り扱う．

　小正準集団は簡単なモデルではあるが，具体的な現実の系に応用する場合には扱いやすいものではない．そのため，次項以降で取り扱う確率モデル（正準集団，大正準集団）を用いて熱力学の状態量を計算する．

5.4.2 正 準 集 団

　小正準集団は粒子数とエネルギーが一定の条件であった．この項では粒子数と温度が一定の条件での分布状態を考えよう．この条件を満たす設定として，第 3 章のカルノーサイクルでも用いた**熱源**（温度 T が一定で対象としている系に比べてはるかに大きな熱力学的な系）を対象としている系と接触させた状態を考える．対象としている系と熱源との間は粒子の移動はないが，熱としてのエネルギーのやりとりは許し，温度一定の条件を成立させる．このような条件の集団を**正準集団**または**カノニカル集団**という．なお，対象とする系と熱源とを合わせた系は外界とは孤立し，粒子やエネルギーの移動はないものとす

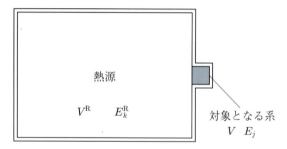

図 5.4　正準集団のモデル．熱源（体積 V^{R}，エネルギー E_k^{R}）と対象となる系（体積 V，エネルギー E_j）の間はエネルギーのみ移動し，粒子の移動はない．対象とする系と熱源とを合わせた系は外界とは孤立している．

る．

対象となる系の体積を V，熱源の体積を V^{R} とする．対象となる系に比べて熱源はずっと大きいので $V^{\mathrm{R}} \gg V$ である．対象となる系のエネルギーを E_j，熱源のエネルギーを E_k^{R} で表す．（図 5.4 参照）対象となる系と熱源を合わせた系は孤立系なので，小正準集団となる．したがって，式 (5.14) を適用し，

$$U - \Delta U < E_j + E_k^{\mathrm{R}} \leq U \tag{5.17}$$

から考察を始める．ΔU は小さな量だが，十分な微視的状態数が確保できる大きさが必要である．ここでは，V^{R} に比例する量とし，その比例係数である $\Delta u = \frac{\Delta U}{V^{\mathrm{R}}}$ は V^{R} に依存しない十分小さな定数とする．

対象となる系のエネルギー E_j を固定すると，熱源のエネルギーの範囲は，

$$U - \Delta U - E_j < E_k^{\mathrm{R}} \leq U - E_j \tag{5.18}$$

となる．熱源のエネルギーが E^{R} 以下の熱源の状態数を $\Omega^{\mathrm{R}}(E^{\mathrm{R}})$ で表すと，対象となる系のエネルギーは E_j に固定しているので，その条件における全系の状態の数 W_j は熱源の状態数に等しい．したがって，

$$W_j = N^{\mathrm{R}}!\Omega^{\mathrm{R}}(U - E_j) - N^{\mathrm{R}}!\Omega^{\mathrm{R}}(U - \Delta U - E_j) \tag{5.19}$$

となる．ここで，N^{R} は熱源の粒子数である．5.1 節の最後でも議論したが，

5.4 確率モデル **103**

同じ種類の粒子を入れ替えた状態は同じ巨視的状態である．そのため，初め
から同種粒子は区別できないとして議論する量子論を除いて，式 (5.8) に示す
ように，$\Omega^{\mathrm{R}}(E^{\mathrm{R}})$ は単純に数えた状態数を $N^{\mathrm{R}}!$ で割っている．しかしながら，
4.4 節の気体分子の分配する方法で調べたように，ここでは，微視的状態数の
割合でその状態が起きる確率を求める必要がある．したがって，単純にエネル
ギー状態の個数を知りたいので，式 (5.19) では $N^{\mathrm{R}}!$ を掛けている．対象とな
る系のすべてのエネルギー状態を足し合わせれば許されるエネルギー状態の総
数 W_{total} が得られる．

$$W_{\mathrm{total}} = \sum_j W_j \tag{5.20}$$

小正準分布を与える式 (5.15) と全系の状態数から，対象となる系が E_j のエネ
ルギー状態をとる確率 f_j は

$$f_j = \frac{W_j}{W_{\mathrm{total}}} \tag{5.21}$$

である．式 (5.11) を用いて Ω^{R} は，

$$\Omega^{\mathrm{R}}(E_k^{\mathrm{R}}) = \exp\left\{ V^{\mathrm{R}}\sigma\left(\frac{E_k^{\mathrm{R}}}{V^{\mathrm{R}}}, \frac{N^{\mathrm{R}}}{V^{\mathrm{R}}}\right) + o(V^{\mathrm{R}}) \right\} \tag{5.22}$$

と表される．ここで，$o(V^{\mathrm{R}})$ は，V^{R} が十分大きいとき V^{R} 未満であることを
表している．すなわち，

$$\lim_{V^{\mathrm{R}} \to \infty} \frac{o(V^{\mathrm{R}})}{V^{\mathrm{R}}} = 0 \tag{5.23}$$

である．W_j を表す式 (5.19) の各項に適用すると，

$$\Omega^{\mathrm{R}}(U - E_j) = \exp\left\{ V^{\mathrm{R}}\sigma\left(\frac{U - E_j}{V^{\mathrm{R}}}, \frac{N^{\mathrm{R}}}{V^{\mathrm{R}}}\right) + o(V^{\mathrm{R}}) \right\} \tag{5.24}$$

$$\Omega^{\mathrm{R}}(U - \Delta U - E_j)$$
$$= \exp\left\{ V^{\mathrm{R}}\sigma\left(\frac{U - \Delta U - E_j}{V^{\mathrm{R}}}, \frac{N^{\mathrm{R}}}{V^{\mathrm{R}}}\right) + o(V^{\mathrm{R}}) \right\} \tag{5.25}$$

104 第5章　ミクロからマクロへ導く方法（平衡統計力学の基礎）

であり，比を求めると，

$$\frac{\Omega^{\mathrm{R}}(U - \Delta U - E_j)}{\Omega^{\mathrm{R}}(U - E_j)} = \exp\left[V^{\mathrm{R}}\left\{\sigma\left(\frac{U - \Delta U - E_j}{V^{\mathrm{R}}}, \frac{N^{\mathrm{R}}}{V^{\mathrm{R}}}\right)\right.\right.$$
$$\left.\left. -\sigma\left(\frac{U - E_j}{V^{\mathrm{R}}}, \frac{N^{\mathrm{R}}}{V^{\mathrm{R}}}\right)\right\} + o(V^{\mathrm{R}})\right] \quad (5.26)$$

となる．$\Delta u = \frac{\Delta U}{V^{\mathrm{R}}}$ が微小な量であるので，括弧 { } 内をテイラー展開を用いて近似すると，

$$-\frac{\partial\sigma\left(\frac{U - E_j}{V^{\mathrm{R}}}, \frac{N^{\mathrm{R}}}{V^{\mathrm{R}}}\right)}{\partial\varepsilon}\Delta u + O\left(\Delta u^2\right) \quad (5.27)$$

となる．ここで，σ の第1引数の偏微分を表すために式 (5.11) の ε を用いた．また，$O\left(\Delta u^2\right)$ は Δu^2 以上の高次の項を表し，以下では無視する．式 (5.26) に代入すると，

$$\frac{\Omega^{\mathrm{R}}(U - \Delta U - E_j)}{\Omega^{\mathrm{R}}(U - E_j)}$$
$$= \exp\left[-V^{\mathrm{R}}\left\{\frac{\partial\sigma\left(\frac{U - E_j}{V^{\mathrm{R}}}, \frac{N^{\mathrm{R}}}{V^{\mathrm{R}}}\right)}{\partial\varepsilon}\Delta u + \frac{o(V^{\mathrm{R}})}{V^{\mathrm{R}}}\right\}\right] \quad (5.28)$$

である．$\frac{\partial\sigma}{\partial\varepsilon} > 0$ と $\Delta u > 0$ であり V^{R} によらないので，V^{R} が大きくなると比は十分小さな量になるので，式 (5.19) の ΔU を含む項を消すことができ，

$$W_j = N^{\mathrm{R}}!\Omega^{\mathrm{R}}(U - E_j) \quad (5.29)$$

となる．式 (5.29) を式 (5.21) に代入すると，

$$f_j = \frac{N^{\mathrm{R}}!\Omega^{\mathrm{R}}(U - E_j)}{\sum_j N^{\mathrm{R}}!\Omega^{\mathrm{R}}(U - E_j)}$$
$$= \frac{\frac{\Omega^{\mathrm{R}}(U - E_j)}{\Omega^{\mathrm{R}}(U)}}{\sum_j \frac{\Omega^{\mathrm{R}}(U - E_j)}{\Omega^{\mathrm{R}}(U)}} \quad (5.30)$$

となる．分子の対数をとると，

$$\log \frac{\Omega^{\mathrm{R}}(U - E_j)}{\Omega^{\mathrm{R}}(U)} = \log \Omega^{\mathrm{R}}(U - E_j) - \log \Omega^{\mathrm{R}}(U)$$

$$= -E_j \frac{\partial}{\partial U} \log \Omega^{\mathrm{R}}(U) + \frac{E_j^2}{2} \frac{\partial^2}{\partial U^2} \log \Omega^{\mathrm{R}}(U) + \cdots \quad (5.31)$$

となる. 式 (5.11) を用いると,

$$\log \Omega^{\mathrm{R}}(U) = V^{\mathrm{R}} \sigma \left(\frac{U}{V^{\mathrm{R}}}, \frac{N^{\mathrm{R}}}{V^{\mathrm{R}}} \right) + o(V^{\mathrm{R}})$$

$$= V^{\mathrm{R}} \sigma(\varepsilon, \rho) + o(V^{\mathrm{R}}) \quad (5.32)$$

である. 右辺では ε と ρ を用いて省略して書いている. したがって,

$$\log \frac{\Omega^{\mathrm{R}}(U - E_j)}{\Omega^{\mathrm{R}}(U)}$$

$$= -E_j \frac{\partial}{\partial \varepsilon} \sigma(\varepsilon, \rho) + \frac{E_j^2}{2V^{\mathrm{R}}} \frac{\partial^2}{\partial \varepsilon^2} \sigma(\varepsilon, \rho) + \cdots + \frac{o(V^{\mathrm{R}})}{V^{\mathrm{R}}} \quad (5.33)$$

となる. $o(V^{\mathrm{R}})$ の ε での微分も $o(V^{\mathrm{R}})$ として最後にまとめている. V^{R} が十分大きくなると, 右辺第 2 項以降が無視できるので,

$$\log \frac{\Omega^{\mathrm{R}}(U - E_j)}{\Omega^{\mathrm{R}}(U)} \sim -\beta(\varepsilon, \rho) E_j \quad (5.34)$$

である. ここで,

$$\beta = \frac{\partial \sigma(\varepsilon, \rho)}{\partial u} \quad (5.35)$$

とした. ゆえに,

$$\frac{\Omega^{\mathrm{R}}(U - E_j)}{\Omega^{\mathrm{R}}(U)} \sim e^{-\beta(\varepsilon, \rho) E_j} \quad (5.36)$$

である. これより, 正準集団において対象となる系がエネルギー E_j をとる確率分布は

$$f_j = \frac{e^{-\beta E_j}}{\sum_j e^{-\beta E_j}} \quad (5.37)$$

となる. これが正準集団の確率分布 (**正準分布**または**カノニカル分布**) である.

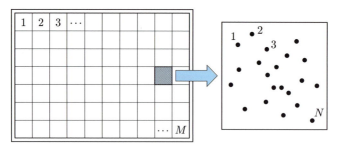

図 5.5 正準集団のモデル．N 個の分子を含んだ体系が M 個連結しており，体系間を分子の出入りはないが，エネルギーのやりとりは可能とする．M 個の体系のうち，1 個が対象としている系であり，その他を熱源とみなす．

式 (5.37) と同じ確率分布を次に説明するように，統計集団と 4.7 節のマクスウェル分布を導出したときと同様の方法で導くことができる．熱源と接触した系を取り扱うために，同一構造の系を仮想的に多数存在するとして，その集団（**仮想的統計集団**）から任意に拾い上げられた 1 つの系を対象とする系として確率論的に取り扱う．つまり，いままで考えていた N 個の分子を含んだ体系が多数（M 個とする）存在し，分子の行き来はないが，接触させ熱の出入りはあるものとする．また，M 個の体系全体は断熱した容器で覆われており，外部との熱の出入りや仕事のやりとりはしないものとする．この場合，M 個の体系のうち 1 個が対象とする系であり，その他の $M-1$ 個の体系は接触した熱源とみなすことができる．（図 5.5 参照）

5.1 節では $6N$ 次元の位相空間（Γ 空間）のひとつの代表点が体系の状態を表すことを示した．いまは M 個の体系を考えるので，$6N$ 次元の位相空間上に M 個の代表点を取り扱うことになる．位相空間の j 番目の微小領域に M_j 個の体系をおく分配方法の数は，これまでと同様に

$$W(M_1, M_2, \ldots, M_j, \ldots) = \frac{M!}{M_1! M_2! \cdots M_j! \cdots} g_1^{M_1} g_2^{M_2} \cdots g_j^{M_j} \cdots \quad (5.38)$$

で表される．ここで，5.1 節の議論から式 (5.2) を用いて

$$g_j = \frac{(\Delta \tau)_j}{h^{3N}} \quad (5.39)$$

とおく．なお，微小量の記号として Δ を用いた理由は，積分のパラメータと

5.4 確率モデル

して用いるときに d と置き換えて明示するためである．$(\Delta\tau)_j$ は位相空間における j 番目の微小領域の体積であり，問題を簡単にするためにすべて同じ体積 $\Delta\tau$ とすれば，$g = \frac{\Delta\tau}{h^{3N}}$ は j によらず定数となる．このままでは，無限に広がる位相空間のすべての状態が可能な微視的状態となってしまうが，体系数や全エネルギーを一定に保つという条件のもとで，ラグランジュの未定乗数法用いることで分布を決定することができる．

まずは体系数の制限を考えよう．

$$M = M_1 + M_2 + \cdots + M_j + \cdots$$
$$= \sum_j M_j = \text{一定} \tag{5.40}$$

微小領域を無限に小さくできると考えると和は積分に置き換えることができる．

$$M = \sum_j M_j = \sum_j g\frac{M_j}{g} = \sum_j \Delta\tau \frac{M_j}{\Delta\tau} = \int d\tau \frac{M_j}{\Delta\tau} \tag{5.41}$$

すなわち，$\frac{M_j}{\Delta\tau}$ を全位相空間で積分することになる．ここで，$\Delta\tau$ が小さくなるにしたがって M_j も小さくなるので，$\frac{M_j}{\Delta\tau}$ は有限な値であり，積分は可能となる．同様に，全エネルギー E に対する制限は，

$$E = E_1 M_1 + E_2 M_2 + \cdots + E_j M_j + \cdots$$
$$= \sum_j E_j M_j = \int d\tau \frac{E_j M_j}{\Delta\tau} \tag{5.42}$$

となる．

4.7 節と同様の計算を行って，M と E を一定に保って $\log W(M_1, M_2, \ldots, M_j, \ldots)$ が最大になる分布を求める．スターリングの公式を用いて近似した後に対数をとると，

$$W(M_1, M_2, \ldots, M_j, \ldots) = \left(\frac{Mg}{M_1}\right)^{M_1} \left(\frac{Mg}{M_2}\right)^{M_2} \cdots \left(\frac{Mg}{M_j}\right)^{M_j} \cdots \tag{5.43}$$

$$\log W(M_1, M_2, \ldots, M_j, \ldots) = \sum_j M_j \log \frac{Mg}{M_j} \tag{5.44}$$

108　第5章　ミクロからマクロへ導く方法（平衡統計力学の基礎）

となる．4.7節でマクスウェル分布を求めるときと同様にラグランジュの未定乗数法を用いると，1つの体系がエネルギー E_j をもつ確率は，

$$f_j = \frac{M_j}{M} = ge^{-\alpha-\beta E_j} = \frac{ge^{-\beta E_j}}{\sum_j ge^{-\beta E_j}} = \frac{e^{-\beta E_j}}{\sum_j e^{-\beta E_j}} \tag{5.45}$$

となる．（導出は章末問題とする．）

定数 β は全エネルギーの制限 $E = \sum_j E_j M_j$ から決めることになる．

$$E = \sum_j E_j M_j = M\frac{\sum_j E_j e^{-\beta E_j}}{\sum_j e^{-\beta E_j}}$$

$$\frac{E}{M} = \frac{\sum_j E_j e^{-\beta E_j}}{\sum_j e^{-\beta E_j}} \tag{5.46}$$

この式は体系の平均エネルギー $\frac{E}{M}$ と β の関係を表している．β は4.7節のマクスウェル速度分布則における β と同じ形で現れており，すべての体系に対して共通している．すなわち，β は温度に関係した量であり，マクスウェル速度分布則と同じ

$$\beta = \frac{1}{kT} \tag{5.47}$$

で関係づけられる．また，式 (5.45) からエネルギー E_j をもつ微視的状態が実現される確率は $e^{-\beta E_j} = e^{-\frac{E_j}{kT}}$ に比例しており，これを**ボルツマン因子**という．$e^{-\beta E_j}$ をすべての状態に対して和をとった

$$Z = \sum_j e^{-\beta E_j} \tag{5.48}$$

を正準集団における**状態和**または**分配関数**とよぶ．Z を用いると，式 (5.45) は

$$f_j = \frac{M_j}{M} = \frac{e^{-\beta E_j}}{Z} \tag{5.49}$$

となる．熱力学のヘルムホルツの自由エネルギー F との関係

$$F = -kT \log Z \tag{5.50}$$

は第6章以降で説明する．

5.4.3 大正準集団

正準集団は熱源との間の熱（エネルギー）のやりとりだけを許し，温度一定の条件であった．次に，粒子の移動も許す確率モデルを考える．すなわち，対象としている系が熱源と**粒子源**と接触しており，温度と**化学ポテンシャル**[6]が一定の条件の確率モデルを考えよう．このような条件の集団を**大正準集団**または**グランドカノニカル集団**という．正準集団において仮想的統計集団を導入して分布を導いたように，図5.6に示すような M 個の多数の体系を考える．正準集団のときと同じように，M 個の体系全体は外界から孤立しており，エネルギーや粒子の出入りはないものとする．一方，体系間は熱だけでなく粒子も隙間を通して移動できることとする．M 個の体系のうち1個が対象とする系であり，その他の $M-1$ 個の体系は熱源および粒子源とみなすことができる．

正準集団では各体系の粒子数は同じであったので，同じ位相空間内にすべての体系を表す代表点を描くことができたので，1つの位相空間内のどの微小領域に属するかを示すだけで，つまり，何番目の微小領域かを示す指標 j のみで分配の仕方を示すことができた．一方，大正準集団では各体系の粒子数が異なるので，体系の粒子数 N とその粒子数における $6N$ 次元の位相空間にお

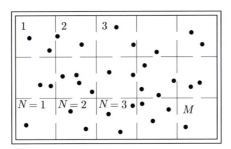

図 5.6　大正準集団のモデル．M 個の体系間を粒子は移動が可能であるので，それぞれの体系の粒子数 N は異なっている．M 個の体系のうち，1個が対象としている系であり，その他を熱源かつ粒子源とみなす．

---

[6] 3.7 節では言及しなかったが，第3章の演習問題 3.6 で説明したように，化学ポテンシャルは物質量に対するエネルギーの変化の割合を示す示強変数である．1成分系であれば，$\mu = \frac{\partial G(T,p,N)}{\partial N}$ 等で定義される．

110 第5章 ミクロからマクロへ導く方法（平衡統計力学の基礎）

ける微小領域を示す指標 j の2つの指標が必要になる．すなわち，M 個の体系の中で粒子数が N 個の体系に限定し，その体系の位相空間での j 番目の微小領域のエネルギーを $E_{N,j}$，微小領域に含まれる代表点，つまり体系の数を $M_{N,j}$ とする．M 個の体系全体に含まれる粒子の総数を N_{total}，全エネルギーを E_{total} とすれば次式を得る．

$$M = \sum_{N,j} M_{N,j} \tag{5.51}$$

$$N_{\text{total}} = \sum_{N,j} N M_{N,j} \tag{5.52}$$

$$E_{\text{total}} = \sum_{N,j} E_{N,j} M_{N,j} \tag{5.53}$$

正準集団における式 (5.38) と同様に考えると，分配する方法の数 W は

$$W = \frac{M!}{\prod_{N,j} M_{N,j}!} \prod_{N,j} g_{N,j}^{M_{N,j}} \cong \prod_{N,j} \left(\frac{M g_{N,j}}{M_{N,j}} \right)^{M_{N,j}} \tag{5.54}$$

である．なお，

$$g_{N,j} = \frac{(\Delta\tau)_{N,j}}{h^{3N}} \tag{5.55}$$

である．ラグランジュの未定乗数法を用いると，

$$\log W = \sum_{N,j} M_{N,j} \log \left(\frac{M g_{N,j}}{M_{N,j}} \right) \tag{5.56}$$

$$\delta \log W = \sum_{N,j} \delta M_{N,j} \left\{ \log \left(\frac{M g_{N,j}}{M_{N,j}} \right) - 1 \right\} \tag{5.57}$$

$$(-\alpha + 1)\delta M = (-\alpha + 1) \sum_{N,j} \delta M_{N,j} = 0 \tag{5.58}$$

$$\beta\mu\delta N_{\text{total}} = \beta\mu \sum_{N,j} N \delta M_{N,j} = 0 \tag{5.59}$$

$$-\beta\delta E_{\text{total}} = -\beta \sum_{N,j} E_{N,j} \delta M_{N,j} = 0 \tag{5.60}$$

となり，これより

$$f_j = \frac{M_{N,j}}{M} = g_{N,j}e^{-\alpha-\beta E_{N,j}+\beta\mu N} \tag{5.61}$$

を得る．ここで，α,β,μ がラグランジュの未定乗数である．式 (5.59) において $\beta\mu$ ではなく，1 つの記号を未定乗数にする方が理論的には素直であるが，μ を化学ポテンシャルに対応づけるためにこのように決めた．正準集団と同じ表式であるので $\beta = \frac{1}{kT}$ であることは理解できるだろう．式 (5.61) で表される分布を**大正準分布**または**グランドカノニカル分布**という．

式 (5.51) より，

$$M = \sum_{N,j} M_{N,j} = Me^{-\alpha}\sum_{N,j} g_{N,j}e^{-\beta E_{N,j}+\beta\mu N} \tag{5.62}$$

$$e^{-\alpha} = \frac{1}{\sum_{N,j} g_{N,j}e^{-\beta E_{N,j}+\beta\mu N}} \tag{5.63}$$

したがって，

$$f_j = \frac{M_{N,j}}{M} = \frac{e^{\beta\mu N-\beta E_{N,j}}}{\Xi(\beta,\mu)} \tag{5.64}$$

となる．ここで，$\Xi(\beta,\mu)$ は大正準集団の分配関数

$$\Xi(\beta,\mu) = \sum_{N,j} e^{\beta\mu N-\beta E_{N,j}} = \sum_{N=0}^{\infty} e^{\beta\mu N}Z_N(\beta) \tag{5.65}$$

であり，**大分配関数**または**大きな状態和**とよぶ．なお，式中の $Z_N(\beta)$ は，

$$Z_N(\beta) = \sum_j e^{-\beta E_{N,j}} \tag{5.66}$$

であり，正準集団の分配関数と同じ表式である．

演習問題

演習 5.1 4.7 節でマクスウェル分布を求めるときと同様に，式 (5.44) にラグランジュの未定乗数法を用いて式 (5.45) を導け．

演習 5.2 振動数 ν の振動子のエネルギーは量子力学では $h\nu\left(n+\frac{1}{2}\right)$ の離散的な値をもつ．ここで，n は任意の整数である．振動数 ν でほとんど独立な N 個の振動子の全エネルギーが

$$E = \frac{N}{2}h\nu + Mh\nu \tag{5.67}$$

である場合を考える．ここで N と M は大きな整数である．それぞれの振動子にエネルギーを分配する方法の数を求めよ．

演習 5.3 エネルギー固有値が $\varepsilon_1, \varepsilon_2\ (>\varepsilon_1)$ が 2 つだけの 2 準位系に対する正準分布と分配関数を求めよ．

演習 5.4 温度 T の熱源に接して熱平衡状態にある独立な系が N 個ある状態を考える．（図 5.7 参照）正準集団で扱うことによって，N 個の系の分配関数と確率分布がそれぞれの系の積で表せることを示せ．

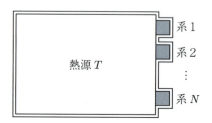

図 5.7 温度 T の熱源に接して熱平衡状態にある独立な N 個の系

演習 5.5 温度 $T_1, T_2\ (T_1 < T_2)$ の熱平衡状態である 2 つの孤立系を熱的に接触させると，$d'Q$ の熱の移動により全系のエントロピーが $d'Q\left(\frac{1}{T_1} - \frac{1}{T_2}\right)$ だけ増える．このことを，式 (5.11) に従う統計熱力学的に正常な系の状態数と式 (5.16) のボルツマンの原理を用いて示せ．

第6章

統計力学と熱力学の接続
（確率モデルの応用）

　この章では，第 5 章で説明した確率モデルの様々な表式が熱力学で得られた関係を再現できることを説明する．熱力学では状態量を具体的な関数で示すことはできなかったが，統計力学ではモデルを決めることで状態量を具体的な関数として求めることが可能となる．特に，分配関数（状態和）の対数で自由エネルギーなどの熱力学関数が得られることから，統計力学と熱力学の密接な関係を理解することができる．この章では分配関数などの計算を問題ごとに古典論または量子論で計算しているが，基本的にどちらでも同様に計算することができる．なお，量子力学では同種粒子を区別することができないので，古典論における非局在の同種粒子に関する取扱いは注意が必要である．

キーワード：ボルツマンの原理，分配関数，デュロン – プティの法則，エネルギー等分配の法則，ヘルムホルツの自由エネルギー

6.1　ボルツマンの原理

　小正準集団の微視的状態数[1] $W(U, \Delta U)$ と熱力学関数であるエントロピー S を関係づけているボルツマンの原理 (5.16) が 4.7 節で導いたマクスウェル分布で成り立つことを示そう[2]．4.7 節では，位相空間の微小領域 g_j に分子を分配する方法，すなわち微視的状態数 $W(N_1, N_2, \ldots)$ が式 (4.66) であることを求め，スターリングの公式で近似し，対数をとると $\log W(N_1, N_2, \ldots)$ が式 (4.68) と表されることを導いた．全エネルギー E が一定の条件で微視的状態

---

[1] この節では仕事の記号としても W を用いるが，状態数を表すときは条件を示して区別するようにしている．

[2] 付録 C では，情報理論のエントロピーも紹介するとともに，確率分布と関係づけてエントロピーを考察している．

114　第 6 章　統計力学と熱力学の接続（確率モデルの応用）

数が最も多い最大確率の分布であるマクスウェル分布を示す式 (4.80) を整理した

$$\frac{N_j}{N} = \frac{g_j e^{-\beta \varepsilon_j}}{\sum_j g_j e^{-\beta \varepsilon_j}} \tag{6.1}$$

を式 (4.68) に代入すると，$\log W(N_1, N_2, \ldots)$ は，

$$\log W(N_1, N_2, \ldots) = \beta E + N \log \left(\sum_j g_j e^{-\beta \varepsilon_j} \right) \tag{6.2}$$

となる．ここで，$E = \sum_j N_j \varepsilon_j$ である．小正準集団で考えるので全エネルギー E は $U - \Delta U < E \leq U$ の範囲で変化する変数として扱う．次に $\log W(N_1, N_2, \ldots)$ の全微分を求めよう．右辺第 2 項の全微分は

$$d \left\{ N \log \left(\sum_j g_j e^{-\beta \varepsilon_j} \right) \right\}$$
$$= \frac{N \partial \log \left(\sum_j g_j e^{-\beta \varepsilon_j} \right)}{\partial \beta} d\beta + \sum_j \frac{N \partial \log \left(\sum_j g_j e^{-\beta \varepsilon_j} \right)}{\partial \varepsilon_j} d\varepsilon_j \tag{6.3}$$

である．それぞれの偏微分は，

$$\frac{N \partial \log \left(\sum_j g_j e^{-\beta \varepsilon_j} \right)}{\partial \beta} = -N \frac{\sum_j g_j \varepsilon_j e^{-\beta \varepsilon_j}}{\sum_j g_j e^{-\beta \varepsilon_j}} = -\sum_j N_j \varepsilon_j = -E \tag{6.4}$$

$$\frac{N \partial \log \left(\sum_j g_j e^{-\beta \varepsilon_j} \right)}{\partial \varepsilon_j} = -N \frac{g_j \beta e^{-\beta \varepsilon_j}}{\sum_j g_j e^{-\beta \varepsilon_j}} = -\beta N_j \tag{6.5}$$

であるので，$\log W(N_1, N_2, \ldots)$ の全微分は，

$$d \left[\log W(N_1, N_2, \ldots) \right] = \beta dE - \beta \sum_j N_j d\varepsilon_j \tag{6.6}$$

となる．$\sum_j N_j d\varepsilon_j$ は，圧縮などにより移動する壁と衝突して，それぞれの分子に運動エネルギー $d\varepsilon_j$ が与えられた総和であるので，外部からの仕事 $d'W$ を表している．したがって，

$$d\{\log W(N_1, N_2, \ldots)\} = \beta(dE - d'W) = \beta T dS \tag{6.7}$$

となる．$\beta = \frac{1}{kT}$ より，

$$dS = kd\{\log W(N_1, N_2, \ldots)\} \tag{6.8}$$

となり，積分定数を除いてボルツマンの原理

$$S = k\log W(N_1, N_2, \ldots) = k\log W(U, \Delta U) \tag{6.9}$$

が成り立った．

次に物理量であるエントロピー S が ΔU に依存しないことを示す．状態密度に関する式 (5.10) を用いて表すと，

$$S = k\log W(U, \Delta U) = k\log \left\{ \left(\frac{d\Omega(E)}{dE} \right)_{E=U} \Delta U \right\} \tag{6.10}$$

である．統計熱力学的に正常な系の場合，$\Omega(E), \frac{d\Omega(E)}{dE}$ はともに E の増大とともに急激に増加する関数なので，

$$\frac{d\Omega(U)}{dE} \Delta U < \Omega(U) < \frac{d\Omega(U)}{dE} U \tag{6.11}$$

となる．ここで式を簡単に表現するため，

$$\left(\frac{d\Omega(E)}{dE} \right)_{E=U} = \frac{d\Omega(U)}{dE} \tag{6.12}$$

と書いた．式 (6.11) は図 6.1 を参照すると理解しやすい．$E = U$ における $\Omega(E)$ の接線とそれに平行な 2 本の線と $E = U$ との交点の Ω 軸での位置は，① $\frac{d\Omega(U)}{dE}\Delta U$，② $\Omega(U)$，③ $\frac{d\Omega(U)}{dE}U$ である．これより明らかに式 (6.11) が成り立つことがわかる．したがって，

$$S = k\log\left(\frac{d\Omega(U)}{dE}\Delta U \right) < k\log\Omega(U) < k\log\left(\frac{d\Omega(U)}{dE}U \right) \tag{6.13}$$

である．統計熱力学的に正常な系では，体積 V の増加に合わせて U を大きくすると，対数をとった式 (6.13) の 3 つの値は近い値となる．式 (5.11) を具体的に，

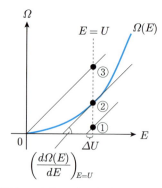

図 6.1 統計熱力学的に正常な系の状態数 Ω のエネルギー依存性．$E = U$ における $\Omega(E)$ の接線とそれに平行な 2 本の線を示している．黒丸で表す交点は本文で説明する．

$$\Omega(E) = C \exp\{V\sigma(\varepsilon, \rho)\} \tag{6.14}$$

と仮定して説明しよう．ここで，C は定数であり，$\varepsilon = \frac{E}{V}$，$\rho = \frac{N}{V}$ であった．状態密度は，

$$\frac{d\Omega(U)}{dE} = \left(\frac{d\sigma}{dE}\right)_{E=U} CV \exp\{V\sigma(\varepsilon,\rho)\} = \left(\frac{d\sigma}{d\varepsilon}\right)_{\varepsilon=\frac{U}{V}} \Omega(U) \tag{6.15}$$

である．ゆえに，

$$\Delta S_1 = k\log\left(\frac{d\Omega(U)}{dE}U\right) - k\log\Omega(U) = k\log\left\{\left(\frac{d\sigma}{d\varepsilon}\right)_{\varepsilon=\frac{U}{V}} U\right\} \tag{6.16}$$

である．σ は V の増加に対する極限値であったので，$\varepsilon = \frac{U}{V}$ が一定であれば ΔS_1 は $\log V$ のオーダーの式であり，$\lim_{V\to\infty}|\frac{\Delta S_1}{V}| = 0$ である．また，

$$\Delta S_2 = k\log\left(\frac{d\Omega(U)}{dE}U\right) - k\log\left(\frac{d\Omega(U)}{dE}\Delta U\right) = k\log\left(\frac{U}{\Delta U}\right) \tag{6.17}$$

である．ΔS_2 のオーダーを V と仮定すると，$\Delta U = Ue^{-aV}$ となる．エネルギーと時間の不確定性関係から ΔU のエネルギーのゆらぎを観測する時間は，$t \sim \frac{h}{\Delta U} = (\frac{h}{U})e^{aV}$ となり，V に対して指数関数的に大きくなってしまい仮定が間違っていることがわかる．したがって，$\lim_{V\to\infty}|\frac{\Delta S_2}{V}| = 0$ と考えてよ

い. 以上のことより,

$$S = k \log W(U, \Delta U) = k \log \left(\frac{d\Omega(U)}{dE} \Delta U \right) \sim k \log \Omega(U) = kV\sigma(\varepsilon, \rho) \tag{6.18}$$

となり, ΔU に依存しないことがわかる.

6.2 正準集団における物理量の期待値

この節では, 熱平衡状態における物理量の期待値を求める. 確率モデルは正準集団を用い, 正準分布である式 (5.45) の古典論による表式

$$f_j = \frac{M_j}{M} = \frac{ge^{-\beta E_j}}{\sum_j ge^{-\beta E_j}} = \frac{\frac{d\tau}{h^{3N}} e^{-\beta E(\boldsymbol{q}, \boldsymbol{p})}}{\iint \frac{1}{h^{3N}} e^{-\beta E(\boldsymbol{q}, \boldsymbol{p})} d\boldsymbol{q} d\boldsymbol{p}}$$
$$= \frac{e^{-\beta E(\boldsymbol{q}, \boldsymbol{p})} d\tau}{\iint e^{-\beta E(\boldsymbol{q}, \boldsymbol{p})} d\boldsymbol{q} d\boldsymbol{p}} \tag{6.19}$$

を用いる. ゆえに, $\boldsymbol{q}, \boldsymbol{p}$ の関数で表されるある物理量 $B(\boldsymbol{q}, \boldsymbol{p})$ の期待値は,

$$\overline{B} = \frac{\iint B(\boldsymbol{q}, \boldsymbol{p}) e^{-\beta E(\boldsymbol{q}, \boldsymbol{p})} d\boldsymbol{q} d\boldsymbol{p}}{\iint e^{-\beta E(\boldsymbol{q}, \boldsymbol{p})} d\boldsymbol{q} d\boldsymbol{p}} \tag{6.20}$$

で求めることができる. ここで, 5.2 節と同様に, 位相空間内の 1 点を表すために簡潔な表現として,

$$(\boldsymbol{q}, \boldsymbol{p}) = (x_1, y_1, z_1, x_2, \ldots, z_N, p_{x1}, p_{y1}, p_{z1}, p_{x2}, \ldots, p_{zN}) \tag{6.21}$$

を用いる. また,

$$d\boldsymbol{q} = dx_1 dy_1 dz_1 dx_2 \cdots dz_N \tag{6.22}$$

$$d\boldsymbol{p} = dp_{x1} dp_{y1} dp_{z1} dp_{x2} \cdots dp_{zN} \tag{6.23}$$

である.

エネルギー $E(\boldsymbol{q}, \boldsymbol{p})$ が運動量 $\boldsymbol{p}$ のみに依存する運動エネルギー $K(\boldsymbol{p})$ と位置 $\boldsymbol{q}$ のみに依存する位置エネルギー $\Phi(\boldsymbol{q})$ の和で表される場合, つまり,

118　第 6 章　統計力学と熱力学の接続（確率モデルの応用）

$$E(\boldsymbol{q}, \boldsymbol{p}) = K(\boldsymbol{p}) + \Phi(\boldsymbol{q}) \tag{6.24}$$

となる場合,

$$e^{-\beta E(\boldsymbol{q},\boldsymbol{p})} = e^{-\beta K(\boldsymbol{p})} e^{-\beta \Phi(\boldsymbol{q})} \tag{6.25}$$

であるので, 積分が簡単になる. 運動量 $\boldsymbol{p}$ のみに依存する物理量 $B(\boldsymbol{p})$ と位置 $\boldsymbol{q}$ のみに依存する物理量 $B(\boldsymbol{q})$ の平均は次のような式で計算できる.

$$\overline{B(\boldsymbol{p})} = \frac{\int B(\boldsymbol{p}) e^{-\beta K(\boldsymbol{p})} d\boldsymbol{p}}{\int e^{-\beta K(\boldsymbol{p})} d\boldsymbol{p}} \tag{6.26}$$

$$\overline{B(\boldsymbol{q})} = \frac{\int B(\boldsymbol{q}) e^{-\beta \Phi(\boldsymbol{q})} d\boldsymbol{q}}{\int e^{-\beta \Phi(\boldsymbol{q})} d\boldsymbol{q}} \tag{6.27}$$

また, 物理量 $B(\boldsymbol{q}, \boldsymbol{p})$ が $\boldsymbol{q}$ のみに依存する部分 $B_q(\boldsymbol{q})$ と $\boldsymbol{p}$ のみに依存する部分と $B_p(\boldsymbol{p})$ の和 $B(\boldsymbol{q}, \boldsymbol{p}) = B_p(\boldsymbol{p}) + B_q(\boldsymbol{q})$ として表される場合は,

$$\begin{aligned}
\overline{B(\boldsymbol{q}, \boldsymbol{p})} &= \overline{B_p(\boldsymbol{p})} + \overline{B_q(\boldsymbol{q})} \\
&= \frac{\int B_p(\boldsymbol{p}) e^{-\beta K(\boldsymbol{p})} d\boldsymbol{p}}{\int e^{-\beta K(\boldsymbol{p})} d\boldsymbol{p}} + \frac{\int B_q(\boldsymbol{q}) e^{-\beta \Phi(\boldsymbol{q})} d\boldsymbol{q}}{\int e^{-\beta \Phi(\boldsymbol{q})} d\boldsymbol{q}}
\end{aligned} \tag{6.28}$$

となる.

例題 6.1

式 (6.28) を導け.

【解答】

$$\begin{aligned}
\overline{B(\boldsymbol{q}, \boldsymbol{p})} &= \frac{\iint B(\boldsymbol{q}, \boldsymbol{p}) e^{-\beta E(\boldsymbol{q},\boldsymbol{p})} d\boldsymbol{q} d\boldsymbol{p}}{\iint e^{-\beta E(\boldsymbol{q},\boldsymbol{p})} d\boldsymbol{q} d\boldsymbol{p}} \\
&= \frac{\iint \{ B_p(\boldsymbol{q}) + B_q(\boldsymbol{p}) \} e^{-\beta K(\boldsymbol{p})} e^{-\beta \Phi(\boldsymbol{q})} d\boldsymbol{q} d\boldsymbol{p}}{\iint e^{-\beta K(\boldsymbol{p})} e^{-\beta \Phi(\boldsymbol{q})} d\boldsymbol{q} d\boldsymbol{p}} \\
&= \frac{\int B_p(\boldsymbol{p}) e^{-\beta K(\boldsymbol{p})} d\boldsymbol{p} \int e^{-\beta \Phi(\boldsymbol{q})} d\boldsymbol{q} + \int B_q(\boldsymbol{q}) e^{-\beta \Phi(\boldsymbol{q})} d\boldsymbol{q} \int e^{-\beta K(\boldsymbol{p})} d\boldsymbol{p}}{\int e^{-\beta K(\boldsymbol{p})} d\boldsymbol{p} \int e^{-\beta \Phi(\boldsymbol{q})} d\boldsymbol{q}} \\
&= \frac{\int B_p(\boldsymbol{p}) e^{-\beta K(\boldsymbol{p})} d\boldsymbol{p}}{\int e^{-\beta K(\boldsymbol{p})} d\boldsymbol{p}} + \frac{\int B_q(\boldsymbol{q}) e^{-\beta \Phi(\boldsymbol{q})} d\boldsymbol{q}}{\int e^{-\beta \Phi(\boldsymbol{q})} d\boldsymbol{q}}
\end{aligned} \tag{6.29}$$

□

6.3 内部エネルギー

正準集団の**分配関数** Z は，すべての可能な微視的状態について，ボルツマン因子 $e^{-\beta E_j}$ を加え合わせたものである．微視的状態 j の数を g_j とすると，

$$Z(\beta, V) = \sum_j g_j e^{-\beta E_j} \tag{6.30}$$

である．古典論では，体系が N 個の粒子で構成されているとすると，式 (5.2) より，

$$Z(\beta, V) = \int_V d\boldsymbol{q} \int_{-\infty}^{\infty} d\boldsymbol{p} \frac{1}{h^{3N}} e^{-\beta E(\boldsymbol{q}, \boldsymbol{p})} \tag{6.31}$$

となる．

5.4.2 項では確率を規格化するために分配関数を導入したが，分配関数で熱力学関数を表すことができるので，それぞれのモデルで分配関数を求めることは有意義である．まず，内部エネルギーがどのように表されるかを示そう．内部エネルギー U は系の全エネルギーの平均値であるので，量子論では式 (5.21) を用いて，

$$
\begin{aligned}
U &= \sum_j E_j f_j \\
&= \sum_j E_j \frac{g_j e^{-\beta E_j}}{Z}
\end{aligned}
\tag{6.32}
$$

である．この式は次のようにも表すことができる．

$$U = -\frac{\partial}{\partial \beta} \log \left(\sum_j g_j e^{-\beta E_j} \right) \tag{6.33}$$

したがって，内部エネルギー U を分配関数 Z を使って表すと，

$$U = -\frac{\partial}{\partial \beta} \log Z(\beta, V) \tag{6.34}$$

となる．古典論でも同じように表すことができる．

120 第 6 章 統計力学と熱力学の接続（確率モデルの応用）

$$U = \frac{\iint E(\boldsymbol{q}, \boldsymbol{p}) e^{-\beta E(\boldsymbol{q}, \boldsymbol{p})} d\boldsymbol{q} d\boldsymbol{p}}{\iint e^{-\beta E(\boldsymbol{q}, \boldsymbol{p})} d\boldsymbol{q} d\boldsymbol{p}} \tag{6.35}$$

$$= -\frac{\partial}{\partial \beta} \log \left(\iint e^{-\beta E(\boldsymbol{q}, \boldsymbol{p})} d\boldsymbol{q} d\boldsymbol{p} \right) = -\frac{\partial}{\partial \beta} \log Z(\beta, V) \tag{6.36}$$

$\beta = \frac{1}{kT}$ であることから，T を使って表すと

$$U = -\frac{\partial T}{\partial \beta} \frac{\partial}{\partial T} \log Z(T, V) = kT^2 \frac{\partial}{\partial T} \log Z(T, V) \tag{6.37}$$

となる．

例題 6.2

次の式でエネルギーが表される N 個の調和振動子の系において，まずは，分配関数 Z を求めて，それから内部エネルギー U を求めよ．

$$E(\boldsymbol{q}, \boldsymbol{p}) = K(\boldsymbol{p}) + \Phi(\boldsymbol{q}) = \sum_{i=1}^{3N} \left(\frac{1}{2m} p_i^2 + \frac{1}{2} m \omega_i^2 q_i^2 \right) \tag{6.38}$$

ここで，$\boldsymbol{p} = (p_{x_1}, p_{y_1}, p_{z_1}, p_{x_2}, \ldots, p_{z_N})$ に番号を振りなおして，$(p_1, p_2, p_3, p_4, \ldots, p_{3N})$ として表現した．$\boldsymbol{q}$ も同様である．

【解答】 エネルギー E が $\boldsymbol{q}$ のみの関数と $\boldsymbol{p}$ のみの関数の和で表されるので，

$$Z(\beta, V) = \frac{1}{h^{3N}} \int e^{-\beta K(\boldsymbol{p})} d\boldsymbol{p} \int e^{-\beta \Phi(\boldsymbol{q})} d\boldsymbol{q} \tag{6.39}$$

である．右辺最初の積分は式 (4.89) より，

$$\int e^{-\beta K(\boldsymbol{p})} d\boldsymbol{p} = \prod_{i=1}^{3N} \int_{-\infty}^{\infty} e^{-\frac{\beta p_i^2}{2m}} dp_i = \left(\sqrt{\frac{2\pi m}{\beta}} \right)^{3N} \tag{6.40}$$

となる．2 番目の積分も同様に，

$$\int e^{-\beta \Phi(\boldsymbol{q})} d\boldsymbol{q} = \prod_{i=1}^{3N} \int_{-\infty}^{\infty} e^{-\beta \frac{m}{2} \omega_i^2 q_i^2} dq_i = \left(\sqrt{\frac{2\pi}{\beta m}} \right)^{3N} \frac{1}{\omega_1 \omega_2 \cdots \omega_{3N}} \tag{6.41}$$

となる．したがって，分配関数は

$$Z(\beta) = \frac{1}{h^{3N}} \left(\sqrt{\frac{2\pi m}{\beta}} \right)^{3N} \left(\sqrt{\frac{2\pi}{\beta m}} \right)^{3N} \frac{1}{\omega_1 \omega_2 \cdots \omega_{3N}}$$

$$= \left(\frac{2\pi}{\beta h} \right)^{3N} \frac{1}{\omega_1 \omega_2 \cdots \omega_{3N}}$$

$$= \prod_{i=1}^{3N} \frac{2\pi}{h\omega_i \beta} = \prod_{i=1}^{3N} \frac{kT}{h\nu_i} \tag{6.42}$$

となる．ここで，$\omega_i = 2\pi\nu_i$ を用いた．ν は振動数である．これより内部エネルギー U は

$$U = -\frac{\partial}{\partial \beta} \log Z(\beta) = -\frac{\partial}{\partial \beta} \left(\log \prod_{i=1}^{3N} \frac{2\pi}{h\omega_i \beta} \right)$$

$$= -\frac{\partial}{\partial \beta} \left(\sum_{i=1}^{3N} \log \frac{2\pi}{h\omega_i \beta} \right) = -\sum_{i=1}^{3N} \frac{h\omega_i \beta}{2\pi} \left\{ \frac{2\pi}{h\omega_i} \left(-\frac{1}{\beta^2} \right) \right\}$$

$$= \frac{3N}{\beta} = 3NkT \tag{6.43}$$

□

1 mol の振動子に対して定積比熱 C_V を求めると，$N = N_A$ であり，気体定数 $R = N_A k$ を用いて表すと，

$$C_V = \left(\frac{\partial U}{\partial T} \right)_V = 3N_A k = 3R \tag{6.44}$$

となる．調和振動子の集まりと近似できる室温付近の単原子からなる固体のモル比熱は，ここで求めた $3R$ に近い値を示す．これはデュロン–プティの法則として知られている．

分配関数は同じ微視的状態を 1 度だけ加え合わせるので，同種粒子系における分配関数には注意が必要である．例題の調和振動子はそれぞれの平衡位置の周辺で振動して局在しており，振動子が入れ替わることがないとすれば問題はない．一方，気体分子のように容器中を飛び回り衝突を繰り返す場合は，量子力学では粒子の入れ替わりを把握することはできない．したがって，N 個

の粒子であれば同じ微視的状態を $N!$ 回加算することになるので，式 (6.31) は

$$Z(\beta, V) = \frac{1}{N!} \int_V d\boldsymbol{q} \int_{-\infty}^{\infty} d\boldsymbol{p} e^{-\beta E(\boldsymbol{q},\boldsymbol{p})} \frac{1}{h^{3N}} \tag{6.45}$$

となる．同種粒子系において，$N!$ で割ることの意味については 7.1 節のギブズのパラドックスで説明する．

6.4 圧力とエントロピー

圧力とエントロピーも分配関数で表す方法を考えよう．そのため，一辺が L_1, L_2, L_3 の直方体の容器中の自由粒子を考える．付録 B で示しているがシュレーディンガー方程式と境界条件からエネルギー固有値は

$$E_{n_1,n_2,n_3} = \frac{\pi^2 \hbar^2}{2m} \left\{ \left(\frac{n_1}{L_1}\right)^2 + \left(\frac{n_2}{L_2}\right)^2 + \left(\frac{n_3}{L_3}\right)^2 \right\} \tag{6.46}$$

で表される．$n_i = 1, 2, 3, \ldots \ (i = 1, 2, 3)$ は各辺の方向の量子数である．図 6.2 に示すように，x 軸方向に容器を L_1 から $L_1 + dL_1$ まで微小な長さ ($dL_1 \ll L_1$) だけ伸ばした場合を考える．

エネルギーは

$$E(L_1 + dL_1) = \frac{\pi^2 \hbar^2}{2m} \left\{ \left(\frac{n_1}{L_1 + dL_1}\right)^2 + \left(\frac{n_2}{L_2}\right)^2 + \left(\frac{n_3}{L_3}\right)^2 \right\} \tag{6.47}$$

と表される．容器が伸びることによりエネルギーの変化量 $dE = E(L_1 + dL_1) - E(L_1)$ を求めると，

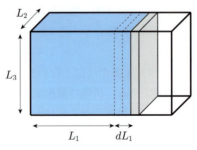

図 6.2　直方体の一辺が伸びた場合の自由粒子系

6.4 圧力とエントロピー

$$dE = E(L_1 + dL_1) - E(L_1)$$

$$= \frac{\pi^2 \hbar^2}{2m} \left\{ \left(\frac{n_1}{L_1 + dL_1} \right)^2 - \left(\frac{n_1}{L_1} \right)^2 \right\}$$

$$= \frac{\pi^2 \hbar^2}{2m} \left\{ \left(\frac{n_1}{L_1} \right)^2 \left(1 + \frac{dL_1}{L_1} \right)^{-2} - \left(\frac{n_1}{L_1} \right)^2 \right\}$$

$$\cong \frac{\pi^2 \hbar^2}{2m} \left(\frac{n_1}{L_1} \right)^2 \left(-2 \frac{dL_1}{L_1} \right) = -\frac{\pi^2 \hbar^2}{m} \left(\frac{n_1}{L_1} \right)^2 \frac{dL_1}{L_1} \tag{6.48}$$

となる. 圧力 p の状態で体積変化 dV した際には, 気体は pdV だけ外部に仕事をすることになる. すなわち, その分だけエネルギーが減少することになるので,

$$dE = -\frac{\pi^2 \hbar^2}{m} \left(\frac{n_1}{L_1} \right)^2 \frac{dL_1}{L_1} = -pdV \tag{6.49}$$

である. x 軸方向以外は変化しないので, $dV = L_2 L_3 dL_1$ である. したがって,

$$p = \frac{\pi^2 \hbar^2}{m} \left(\frac{n_1}{L_1} \right)^2 \frac{1}{V} \tag{6.50}$$

である. ここで, $V = L_1 L_2 L_3$ である.

ボルツマン因子を用いて圧力 p の平均値を求める式は,

$$\bar{p} = \frac{\sum_{n_1, n_2, n_3} \frac{\pi^2 \hbar^2}{mV} \left(\frac{n_1}{L_1} \right)^2 \exp\left(-\beta E_{n_1, n_2, n_3} \right)}{\sum_{n_1, n_2, n_3} \exp\left(-\beta E_{n_1, n_2, n_3} \right)} \tag{6.51}$$

である. 自由粒子系では運動方向に依存せず, 3 軸の方向の量子数に対して独立である. したがって, それぞれの量子数間に相関はなく独立して扱えるので, $E_{n_j} = \left(\frac{\pi^2 \hbar^2}{2m} \right) \left(\frac{n_j}{L_j} \right)^2$ と定義すると, $E_{n_1, n_2, n_3} = E_{n_1} + E_{n_2} + E_{n_3}$ と表せる. したがって,

124　第6章　統計力学と熱力学の接続（確率モデルの応用）

$$\sum_{n_1, n_2, n_3} e^{-\beta E_{n_1, n_2, n_3}}$$

$$= \left(\sum_{n_1=1}^{\infty} e^{-\beta E_{n_1}} \right) \left(\sum_{n_2=1}^{\infty} e^{-\beta E_{n_2}} \right) \left(\sum_{n_3=1}^{\infty} e^{-\beta E_{n_3}} \right) \tag{6.52}$$

$$\sum_{n_1, n_2, n_3} \left(\frac{n_1}{L_1} \right)^2 e^{-\beta E_{n_1, n_2, n_3}}$$

$$= \left(\sum_{n_1=1}^{\infty} \left(\frac{n_1}{L_1} \right)^2 e^{-\beta E_{n_1}} \right) \left(\sum_{n_2=1}^{\infty} e^{-\beta E_{n_2}} \right) \left(\sum_{n_3=1}^{\infty} e^{-\beta E_{n_3}} \right) \tag{6.53}$$

となる．ゆえに，

$$\overline{p} = \frac{\sum_{n_1=1}^{\infty} \frac{\pi^2 \hbar^2}{mV} \left(\frac{n_1}{L_1} \right)^2 \exp\left(-\beta E_{n_1} \right)}{\sum_{n_1=1}^{\infty} \exp\left(-\beta E_{n_1} \right)} \tag{6.54}$$

である．和を積分に置き換えるため，$x = \frac{n_1}{L_1}$ として，分母分子に $dx = \frac{dn_1}{L_1}$ を掛けて $\sum_{n_1} f(\frac{n_1}{L_1}) \frac{dn_1}{L_1} = \int_0^\infty f(x) dx$ と置き換えることができる．また，$a = \frac{\beta \pi^2 \hbar^2}{2m}$ とおくと，

$$\overline{p} = \frac{1}{V\beta} \frac{\int_0^\infty 2ax^2 e^{-ax^2} dx}{\int_0^\infty e^{-ax^2} dx} \tag{6.55}$$

となる．積分公式 (4.89) と (4.90) において，$\lambda = \frac{1}{\sqrt{a}}$ と被積分関数が偶関数であることを使うと，

$$\int_0^\infty e^{-ax^2} dx = \frac{1}{2} \sqrt{\frac{\pi}{a}} \tag{6.56}$$

$$\int_0^\infty x^2 e^{-ax^2} dx = \frac{1}{4a} \sqrt{\frac{\pi}{a}} \tag{6.57}$$

が得られるので，

$$\overline{p} = \frac{1}{V\beta} \frac{2a \frac{1}{4a} \sqrt{\frac{\pi}{a}}}{\frac{1}{2} \sqrt{\frac{\pi}{a}}} = \frac{1}{V\beta} = \frac{kT}{V} \tag{6.58}$$

となる．ここまでは，自由粒子1個のエネルギーから求めていたので，独立な自由粒子が N 個の場合は，

6.4 圧力とエントロピー

$$\bar{p} = \frac{NkT}{V} \tag{6.59}$$

となり，理想気体の状態方程式と一致する.

次に，分配関数と圧力の関係をこれまでの関係式から求めるため，簡単化して各辺の長さが等しいとする. すなわち，$L_1 = L_2 = L_3 = V^{\frac{1}{3}}$ とする. 自由粒子のエネルギー固有値は，

$$E_{n_1,n_2,n_3} = \frac{\pi^2 \hbar^2}{2mV^{\frac{2}{3}}} \left(n_1^2 + n_2^2 + n_3^2 \right) \propto V^{-\frac{2}{3}} \tag{6.60}$$

と体積の関数となる. 3つの量子数 n_1, n_2, n_3 の組合せを1つの指標 j で表せば[3]，

$$\begin{aligned}
\frac{\partial E_j}{\partial V} &= -\frac{2}{3} \frac{E_j}{V} \\
&= -\frac{\pi^2 \hbar^2}{mV} \frac{1}{3} \left(\frac{\sqrt{n_1^2 + n_2^2 + n_3^2}}{V^{\frac{1}{3}}} \right)^2
\end{aligned} \tag{6.61}$$

となる. 式 (6.54) と比較すると

$$\bar{p} = \frac{\sum_j \left(-\frac{\partial E_j}{\partial V} \right) e^{-\beta E_j}}{\sum_j e^{-\beta E_j}} \tag{6.62}$$

と書ける. 分配関数は

$$Z(T,V) = \sum_j e^{-\beta E_j} \tag{6.63}$$

であるので，

$$\bar{p} = \frac{1}{\beta} \frac{\partial}{\partial V} \log Z(T,V) = kT \frac{\partial}{\partial V} \log Z(T,V) \tag{6.64}$$

となる.

内部エネルギー U と圧力 p を分配関数 Z で表すことができた. 次に，エントロピー S を Z で表す方法を考える. $\frac{U}{T}$ の全微分の式

---

[3] 例えば，$(n_1, n_2, n_3) = (1,1,1)$ を $j=1$, $(1,1,2)$ を $j=2$, $(1,2,1)$ を $j=3$ のように3つの粒子数を1つの指標で表すことができる.

126　第6章　統計力学と熱力学の接続（確率モデルの応用）

$$d\left(\frac{U}{T}\right) = \left(\frac{\partial(\frac{U}{T})}{\partial U}\right)_T dU + \left(\frac{\partial(\frac{U}{T})}{\partial T}\right)_U dT = \frac{1}{T}dU - \frac{U}{T^2}dT \tag{6.65}$$

より導いた，

$$\frac{1}{T}dU = d\left(\frac{U}{T}\right) + \frac{U}{T^2}dT \tag{6.66}$$

を S の全微分の式 (3.73) に代入して，

$$\begin{aligned}
dS &= \frac{d'Q}{T} = \frac{1}{T}dU + \frac{p}{T}dV \\
&= d\left(\frac{U}{T}\right) + \frac{U}{T^2}dT + \frac{p}{T}dV
\end{aligned} \tag{6.67}$$

となる．Z を用いて U は式 (6.37) で，p は式 (6.64) で表せるので，

$$\begin{aligned}
dS &= d\left(\frac{U}{T}\right) + k\left(\frac{\partial}{\partial T}\log Z\right)dT + k\left(\frac{\partial}{\partial V}\log Z\right)dV \\
&= d\left(\frac{U}{T}\right) + d\left(k\log Z\right)
\end{aligned} \tag{6.68}$$

と全微分の形式で示すことができる．したがって，

$$S = \frac{U}{T} + k\log Z \tag{6.69}$$

となる．ここで，積分定数（任意定数）は省いたが，古典統計力学の範囲では
ついていてもよい．なお，エントロピーは示量変数なので，積分定数も示量性
をもつ必要がある．

例題 6.3

N 個分子の理想気体の分配関数

$$Z(\beta, V) = \left(\sqrt{\frac{2\pi m}{\beta h^2}}\right)^{3N} \frac{V^N}{N!} \tag{6.70}$$

から，内部エネルギーとエントロピーを求めよ．（理想気体の分配関数は
章末問題で求める．）

6.4 圧力とエントロピー

【解答】 式 (6.70) にスターリングの公式を適用すると，

$$Z(\beta, V) = \left(\sqrt{\frac{2\pi m}{\beta h^2}}\right)^{3N} \frac{V^N}{N!}$$

$$\cong \left(\sqrt{\frac{2\pi m}{\beta h^2}}\right)^{3N} \frac{V^N}{N^N e^{-N}}$$

$$= \left(\sqrt{\frac{2\pi m}{\beta h^2}}\right)^{3N} \left(\frac{Ve}{N}\right)^N \tag{6.71}$$

である．内部エネルギーは，

$$U = -\frac{\partial}{\partial \beta} \log Z(\beta, V)$$

$$= -\frac{\partial}{\partial \beta} \left\{ \frac{3N}{2} \log \frac{2\pi m}{h^2} - \frac{3N}{2} \log \beta + N \log V - \log N! \right\}$$

$$= \frac{3N}{2\beta} = \frac{3NkT}{2} \tag{6.72}$$

である．したがって，

$$S = \frac{3Nk}{2} + k \log \left\{ \left(\sqrt{\frac{2\pi m}{\beta h^2}}\right)^{3N} \left(\frac{Ve}{N}\right)^N \right\}$$

$$= \frac{3Nk}{2} + \frac{3Nk}{2} \log \frac{2\pi mkT}{\beta h^2} + Nk \log \frac{Ve}{N}$$

$$= \frac{3Nk}{2} + \frac{3Nk}{2} \log \frac{2\pi mk}{\beta h^2} + \frac{3Nk}{2} \log T + Nk \log \frac{V}{N} + Nk$$

$$= Nk \log \frac{V}{N} + \frac{3Nk}{2} \log T + \frac{3Nk}{2} \log \frac{2\pi mk}{\beta h^2} + \frac{5Nk}{2} \tag{6.73}$$

である．$T = \frac{2U}{3Nk}$ を用いると，

$$S = Nk \log \frac{V}{N} + \frac{3Nk}{2} \log \frac{U}{N} + \frac{3Nk}{2} \log \frac{2}{3k} \cdot \frac{2\pi mk}{\beta h^2} + \frac{5Nk}{2} \tag{6.74}$$

となる．$\frac{V}{N}$ や $\frac{U}{N}$ が粒子数によらず一定とすると，エントロピーは N に比例する示量性をもつ．　　　　□

128 第6章 統計力学と熱力学の接続（確率モデルの応用）

6.3節の例題 6.2 における調和振動子と同じように理想気体においても，1自由度あたり平均して $\frac{1}{2}kT$ のエネルギーをもっている．N 個の分子で構成される理想気体の自由度は $3N$ であり，$\frac{3NkT}{2}$ のエネルギーをもつ．N 個の調和振動子の自由度は振動の自由度ももつので，$6N$ となりエネルギーは $3NkT$ である．これを**エネルギー等分配の法則**という．

6.5 ヘルムホルツの自由エネルギー

ヘルムホルツの自由エネルギー F の定義や全微分は表 3.4 に結果のみ示しているが，全微分の導出過程も示すと以下の通りとなる．

$$
\begin{aligned}
dF &= dU - TdS - SdT \\
&= (TdS - pdV) - TdS - SdT \\
&= -SdT - pdV \\
&= \left(\frac{\partial F}{\partial T}\right)_V dT + \left(\frac{\partial F}{\partial V}\right)_T dV
\end{aligned} \tag{6.75}
$$

また，

$$
\left(\frac{\partial F}{\partial T}\right)_V = -S, \quad \left(\frac{\partial F}{\partial V}\right)_T = -p \tag{6.76}
$$

の関係がある．$\frac{F}{T}$ の全微分を求めると，

$$
\begin{aligned}
d\left(\frac{F}{T}\right) &= \left(\frac{\partial \left(\frac{F}{T}\right)}{\partial V}\right)_T dV + \left(\frac{\partial \left(\frac{F}{T}\right)}{\partial T}\right)_V dT \\
&= \frac{1}{T}\left(\frac{\partial F}{\partial V}\right)_T dV + \left\{ \left(\frac{\partial F}{\partial T}\right)_V \frac{1}{T} + F\left(-\frac{1}{T^2}\right) \right\} dT \\
&= \left(-\frac{p}{T}\right) dV + \left(-\frac{S}{T} - \frac{F}{T^2}\right) dT \\
&= \left(-\frac{p}{T}\right) dV - \frac{U}{T^2} dT
\end{aligned} \tag{6.77}
$$

である．体積 V 一定の条件，つまり，$dV = 0$ の場合，U を Z で表した式 (6.37) を代入すると，

$$d\left(\frac{F}{T}\right) = -\frac{1}{T^2}kT^2\left\{\frac{\partial}{\partial T}\log Z(\beta, V)\right\}dT \tag{6.78}$$

$$\int d\left(\frac{F}{T}\right) = -\int k\left\{\frac{\partial}{\partial T}\log Z(\beta, V)\right\}dT \tag{6.79}$$

$$\frac{F}{T} = -k\log Z(\beta, V) \tag{6.80}$$

$$F = -kT\log Z(\beta, V) \tag{6.81}$$

となる．また，

$$p = -\left(\frac{\partial F}{\partial V}\right)_T \tag{6.82}$$

を用いて，

$$p = kT\frac{\partial}{\partial V}\log Z = \frac{1}{\beta}\frac{\partial}{\partial V}\log Z \tag{6.83}$$

となり，式 (6.64) と一致している．

6.6 平 均 粒 子 数

粒子の移動も許す大正準集団における分配関数と熱力学関数の関係を考えよう．大正準分布の分配関数である大分配関数 $\Xi(\beta, \mu)$ は式 (5.65) で表される．対数をとると，

$$\log \Xi(\beta, \mu) = \log\left(\sum_{N,j} e^{\beta\mu N - \beta E_{N,j}}\right) \tag{6.84}$$

であるので，

$$\frac{\partial}{\partial \mu}\log \Xi(\beta, \mu) = \frac{\sum_{N,j}\beta N e^{\beta\mu N - \beta E_{N,j}}}{\sum_{N,j} e^{\beta\mu N - \beta E_{N,j}}} \tag{6.85}$$

となる．

1 つの体系に含まれる粒子数の平均値は

130　第6章　統計力学と熱力学の接続（確率モデルの応用）

$$\overline{N} = \frac{\sum_{N,j} N e^{\beta \mu N - \beta E_{N,j}}}{\sum_{N,j} e^{\beta \mu N - \beta E_{N,j}}} \tag{6.86}$$

であるので，比較することにより，

$$\overline{N} = \frac{1}{\beta} \frac{\partial}{\partial \mu} \log \Xi(\beta, \mu) \tag{6.87}$$

であることがわかる．また，

$$\frac{\partial}{\partial \beta} \log \Xi(\beta, \mu) = \frac{\sum_{N,j} \left(\mu N - E_{N,j} \right) e^{\beta \mu N - \beta E_{N,j}}}{\sum_{N,j} e^{\beta \mu N - \beta E_{N,j}}}$$

$$= \mu \overline{N} - \overline{E} \tag{6.88}$$

であるので，

$$\overline{E} = -\frac{\partial}{\partial \beta} \log \Xi(\beta, \mu) + \mu \overline{N} \tag{6.89}$$

となる．

── 例題 6.4 ──

式 (6.70) で表される N 個の分子の理想気体の分配関数を用いて，大分配関数 Ξ を求めて，

$$\frac{pV}{kT} = \log \Xi \tag{6.90}$$

が成り立つことを示せ．

【解答】　式 (6.70) は N 個の分子の分配関数 Z_N であるので，大分配関数 Ξ は，

$$\Xi(\beta, \mu) = \sum_{N=0}^{\infty} e^{\beta \mu N} Z_N = \sum_{N=0}^{\infty} e^{\beta \mu N} \left(\frac{2\pi m}{\beta h^2} \right)^{\frac{3N}{2}} \frac{V^N}{N!}$$

$$= \sum_{N=0}^{\infty} \frac{1}{N!} \left\{ e^{\beta \mu} \left(\frac{2\pi m}{\beta h^2} \right)^{\frac{3}{2}} V \right\}^N$$

$$= \exp \left\{ e^{\beta \mu} \left(\frac{2\pi m}{\beta h^2} \right)^{\frac{3}{2}} V \right\} \tag{6.91}$$

である．したがって，

$$\log \Xi(\beta,\mu) = e^{\beta\mu}\left(\frac{2\pi m}{\beta h^2}\right)^{\frac{3}{2}} V \tag{6.92}$$

であるので，

$$\begin{aligned}\frac{\partial}{\partial \mu}\log\Xi(\beta,\mu) &= \beta e^{\beta\mu}\left(\frac{2\pi mkT}{h^2}\right)^{\frac{3}{2}}V \\ &= \beta\log\Xi(\beta,\mu)\end{aligned} \tag{6.93}$$

となる．理想気体の状態方程式 $pV = \overline{N}kT$ と式 (6.87) より

$$\frac{pV}{kT} = \log\Xi(\beta,\mu) \tag{6.94}$$

である． □

6.7 分配関数と物理量

　この章では，統計力学としてモデルを決めて状態量を具体的に計算した．その過程で様々な物理量が分配関数を用いて求められることを示してきた．この章の最後に，確率モデルごとに分配関数と，物理量と分配関数の関係を表にまとめる．分配関数を表す式を求められたら，表 6.1 にまとめたような関係式を用いて，物理量を導けることを強調しておきたい．

表 6.1　分配関数と物理量

確率モデル	分配関数	物理量と分配関数の関係	式番号
小正準集団	$W(U, \Delta U)$	$S = k\log W(U, \Delta U)$	(5.16)
正準集団	$Z = \sum_j e^{-\beta E_j}$	$\overline{p} = kT\frac{\partial}{\partial V}\log Z$	(6.64)
		$S = \frac{U}{T} + k\log Z$	(6.69)
		$U = -\frac{\partial}{\partial \beta}\log Z$	(6.34)
		$F = -kT\log Z$	(6.81)
大正準集団	$\Xi = \sum_{N=0}^{\infty} e^{\beta\mu N} Z$	$\overline{N} = \frac{1}{\beta}\frac{\partial}{\partial \mu}\log\Xi$	(6.87)

132　　第 6 章　統計力学と熱力学の接続（確率モデルの応用）

●●●●●●●●●●●●●●●●　演 習 問 題　●●●●●●●●●●●●●●●●

演習 6.1　式 (6.26) を用いて，理想気体のエネルギー期待値（平均値），すなわち内部エネルギー U を求めよ．

演習 6.2　例題 6.2 と同じ式 (6.38) でエネルギーが表される N 個の調和振動子のエネルギー期待値を，分配関数を用いず式 (6.28) を積分して求め，例題と同じ結果 $3NkT$ が得られることを示せ．

演習 6.3　理想気体の場合の分配関数 $Z(\beta, V)$ を求めよ．なお，各分子のエネルギーは運動エネルギーのみとし，位置エネルギーはゼロとする．

演習 6.4　N 個の調和振動子の分配関数

$$Z(\beta) = \prod_{j=1}^{3N} \frac{kT}{h\nu_j} \tag{6.95}$$

を用いてエントロピーを求めて，

$$C_V = T \left(\frac{\partial S}{\partial T}\right)_V \tag{6.96}$$

から定積比熱 C_V を求めよ．

演習 6.5　5.4.2 項で仮想的統計集団を用いて正準集団を扱った際の $\log W(M_1, M_2, \ldots)$ である式 (5.44) にラグランジュの未定乗数法で得られた最大確率を与える式 (5.45) などを用いて整理して，エントロピーを与える式 (6.69) と比較することにより，ボルツマンの原理 $S = k \log W$ を導けることを示せ．

第7章

同種粒子における影響
（量子統計力学）

　室温程度の固体比熱が一定値を示すこと（デュロン - プティの法則）を，前章までの古典統計力学で説明することができた．しかし，低温になると比熱が小さくなる現象は量子力学を用いないと説明することができない．量子力学は原子や分子の振舞いを説明するニュートン力学にかわるものとして，20 世紀に発展した．量子力学では不確定性関係のため完全には軌道を追うことはできず，同種粒子は区別できないことになる．そのため，量子的な統計性は，ボース - アインシュタイン統計とフェルミ - ディラック統計となる．この章では，量子論による統計力学を扱う．

キーワード：ギブズのパラドックス，ボース - アインシュタイン統計，フェルミ - ディラック統計，ボルツマン統計，アインシュタインモデル，デバイモデル，熱輻射，完全黒体，プランクの熱輻射式，シュテファン - ボルツマンの法則，ウィーンの変位則

7.1 ギブズのパラドックス

　非局在の同種粒子系の場合，古典論では粒子を区別できないことを考慮する必要がある．具体的には式 (6.45) のように分配関数を $N!$ で割る必要がある．エントロピーの示量性を通して，その必要性を見てみよう．

　$N!$ で割らない分配関数を Z' とすると，

$$Z' = N!Z \tag{7.1}$$

である．この Z' を代入したエントロピーを S' とすると，式 (6.69) を用いて，

134 第 7 章 同種粒子における影響（量子統計力学）

$$S' = \frac{U}{T} + k \log\left(N!Z\right)$$

$$= \frac{U}{T} + k \log N! + k \log Z$$

$$\cong \frac{U}{T} + k \log Z + kN(\log N - 1)$$

$$= S + kN(\log N - 1) \tag{7.2}$$

となる.

N 個の理想気体におけるエントロピーを表す式 (6.74) を用いて具体的に計算しよう. 粒子数を 2 倍にした場合に $S(2N)$ は,

$$S(2N)$$

$$= 2Nk \log \frac{2V}{2N} + \frac{3 \cdot 2Nk}{2} \log \frac{2U}{2N} + \frac{3 \cdot 2Nk}{2} \log \frac{2}{3k} \cdot \frac{2\pi mk}{\beta h^2} + \frac{5 \cdot 2Nk}{2}$$

$$= 2Nk \log \frac{V}{N} + 2\frac{3Nk}{2} \log \frac{U}{N} + 2\frac{3Nk}{2} \log \frac{2}{3k} \cdot \frac{2\pi mk}{\beta h^2} + 2\frac{5Nk}{2}$$

$$= 2S(N) \tag{7.3}$$

であり, 示量性を示す. 一方, $S'(2N)$ は

$$S'(2N) \cong S(2N) + 2kN(\log 2N - 1)$$

$$= 2S(N) + 2kN \log 2 + 2kN \log N - 2kN$$

$$= 2\left\{S(N) + kN(\log N - 1)\right\} + 2kN \log 2$$

$$= 2S'(N) + 2kN \log 2 \tag{7.4}$$

となり, $2kN \log 2$ の余分な項が現れて示量性に反する結果となる. これはギブズのパラドックスとよばれ, 分配関数を $N!$ で割る意味を示してくれる.

7.2 量子統計力学における自由粒子

量子統計力学における自由粒子（理想気体）を考える. 量子力学においては, シュレーディンガー方程式の解のうち, 問題によって与えられる境界条件を満たす解を求める必要がある. 詳細は付録 B.2 節で説明するが, 一辺が L の立方体の容器（体積 $V = L^3$）に閉じ込められた自由粒子を考える. シュ

7.2 量子統計力学における自由粒子 **135**

レーディンガー方程式の解として,

$$\psi(\boldsymbol{r}) = \left(\frac{2}{L}\right)^{\frac{3}{2}} \psi_0 \sin k_x x \sin k_y y \sin k_z z \tag{7.5}$$

を採用しよう. ただし, 波数ベクトル $\boldsymbol{k} = (k_x, k_y, k_z)$ は境界条件により

$$k_x = \frac{\pi}{L} n_x, \quad k_y = \frac{\pi}{L} n_y, \quad k_z = \frac{\pi}{L} n_z \tag{7.6}$$

である. ここで, n_x, n_y, n_z は正の整数である. 1粒子のエネルギーを付録 B
では E の記号を用いているが, この節以降では全エネルギーを E で表すの
で, 1粒子のエネルギーは ε で表すことにする. 式 (7.6) より, (n_x, n_y, n_z) の
状態にある粒子のエネルギー $\varepsilon(n_x, n_y, n_z)$ は,

$$\varepsilon(n_x, n_y, n_z) = \frac{\hbar^2}{2m} \left(k_x^2 + k_y^2 + k_z^2\right) = \frac{\pi^2 \hbar^2}{2mL^2} \left(n_1^2 + n_2^2 + n_3^2\right) = \frac{\pi^2 \hbar^2 n^2}{2mL^2} \tag{7.7}$$

である. ここで最後の式は,

$$n^2 = n_x^2 + n_y^2 + n_z^2 \tag{7.8}$$

で定義される n を用いた. 全粒子のエネルギーの和 E は

$$E = \sum_{\{n_x, n_y, n_z\}} \varepsilon(n_x, n_y, n_z) f(n_x, n_y, n_z) \tag{7.9}$$

で求める必要がある. ここで, $f(n_x, n_y, n_z)$ は (n_x, n_y, n_z) の状態にある粒子
の存在確率であり, $\sum_{\{n_x, n_y, n_z\}}$ はすべての許される状態で和をとることを表
している.

　粒子の存在確率が1粒子のエネルギー ε のみで決まる場合を考えよう. 量
子統計力学では離散的なエネルギー準位で和をとることになるので, j 番目の
エネルギー準位を ε_j と表せば,

$$E = \sum_j g_j \varepsilon_j f(\varepsilon_j) \tag{7.10}$$

となる. g_j は ε_j である状態の数である. しかしながら, すべてのエネルギー
準位で和をとる計算は難しいので, 次に述べる近似を用いることにより積分で

136　　第 7 章　同種粒子における影響（量子統計力学）

計算することができる.

　エネルギーの値が ε 以下である許される状態は，$n_x n_y n_z$ 空間のすべて正の整数の組 (n_x, n_y, n_z) で表される座標の中で，半径が，

$$\sqrt{\frac{2mL^2\varepsilon}{\pi^2\hbar^2}} \tag{7.11}$$

の球の第 1 象限 $(n_x > 0, n_y > 0, n_z > 0)$ の内側の点である.　したがって，許される状態の数は第 1 象限にある球の $\frac{1}{8}$ の体積中に収まる一辺が 1 の立方体の数である[1].　系すなわち L が大きくなれば，立方体の大きさ（体積 1）は球のように状態の数を求める図形に比べると十分小さくなり，$n_x n_y n_z$ 空間の第 1 象限の体積が求める状態の数とほぼ等しくなる.　その条件では，ε と $\varepsilon + d\varepsilon$ の間の許される状態の数 $g(\varepsilon)d\varepsilon$ は，$n_x n_y n_z$ 空間における半径 n，厚さ dn の球殻の 8 分の 1 の体積であるので，

$$g(\varepsilon)d\varepsilon = \frac{1}{8} \times 4\pi n^2 dn \tag{7.12}$$

となる[2].　なお，式 (7.7) の関係より，

$$n = \sqrt{\frac{2mL^2\varepsilon}{\pi^2\hbar^2}} \tag{7.13}$$

$$dn = \sqrt{\frac{mL^2}{2\pi^2\hbar^2\varepsilon}}d\varepsilon \tag{7.14}$$

を用いると，

$$g(\varepsilon)d\varepsilon = \frac{m^{\frac{3}{2}}V}{\sqrt{2}\pi^2\hbar^3}\sqrt{\varepsilon}d\varepsilon \tag{7.15}$$

となる.　ゆえに，立方体の容器内の全粒子数 N と全粒子のエネルギー和 E は，

$$N = \int_0^\infty g(\varepsilon)f(\varepsilon)d\varepsilon \tag{7.16}$$

$$E = \int_0^\infty \varepsilon g(\varepsilon)f(\varepsilon)d\varepsilon \tag{7.17}$$

で求めることができる.

---

[1] 付録 B.1 節の説明と図 B.1 を参照すること.
[2] 式 (7.10) の g_j に相当する.

7.3 同種自由粒子が従う統計

　正準集団においてエネルギー ε_j をとる正準分布 $f_j = f(\varepsilon_j)$ は式 (5.37) で与えられるが[3]，全粒子数一定という制限で和をとる必要があり計算は簡単ではない．一方，大正準集団を用いるとその困難はなくなる．大正準分布は式 (5.64) で，大分配関数は式 (5.65) で与えられるが，これらの式では体系の粒子数 N を決めて，j 番目の微小領域に含まれる粒子の存在確率や分配関数を計算している．一方，ここで求めたい $f(\varepsilon_j)$ は N によらずエネルギー準位 ε_j の存在確率であるので，N を決めることなく計算する方法を採用する．すなわち，N を決めてその粒子数を各エネルギー準位の数 n_j に分配するのではなく，N を決めることなく n_j へ分配することにする．図 7.1 に示すように，両者は対応関係をとることができるので，どちらの和のとり方でも同じ結果となる．したがって，式 (5.64) や式 (5.65) は，

N	n_1	n_2	n_3	$\cdots$
0	0	0	0	$\cdots$
	1	0	0	$\cdots$
1	0	1	0	$\cdots$
	0	0	1	$\cdots$
	$\cdots$	$\cdots$	$\cdots$	$\cdots$
	1	1	0	$\cdots$
	$\cdots$	$\cdots$	$\cdots$	$\cdots$
2	2	0	0	$\cdots$
	0	1	1	$\cdots$
	0	2	0	$\cdots$
	$\cdots$	$\cdots$	$\cdots$	$\cdots$
$\cdots$	$\cdots$	$\cdots$	$\cdots$	$\cdots$

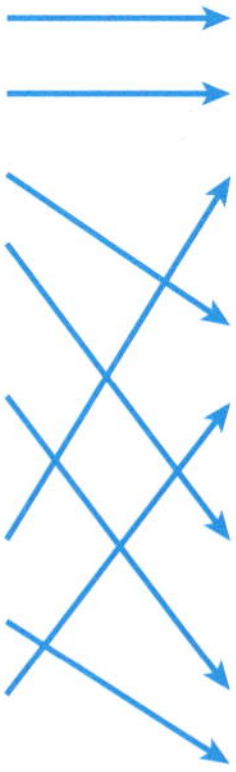

n_1	n_2	n_3	$\cdots$
0	0	0	$\cdots$
1	0	0	$\cdots$
2	0	0	$\cdots$
$\cdots$	$\cdots$	$\cdots$	$\cdots$
0	1	0	$\cdots$
0	2	0	$\cdots$
$\cdots$	$\cdots$	$\cdots$	$\cdots$
0	0	1	$\cdots$
$\cdots$	$\cdots$	$\cdots$	$\cdots$
1	1	0	$\cdots$
0	1	1	$\cdots$
$\cdots$	$\cdots$	$\cdots$	$\cdots$

図 7.1　体系の粒子数 N を決めて n_j の分布での和のとり方を n_j の分布で和をとる方法を説明する対応関係

---

[3] 式 (5.37) では E_j を用いているが，この節では ε_j を使うこととする．

138　　第 7 章　同種粒子における影響（量子統計力学）

$$f_j = f(\varepsilon_j) = \frac{\sum_{\{n_i\}} n_j e^{\beta\mu \sum_k n_k - \beta \sum_k \varepsilon_k n_k}}{\Xi} \tag{7.18}$$

$$\Xi = \sum_{\{n_i\}} e^{\beta\mu \sum_k n_k - \beta \sum_k \varepsilon_k n_k} \tag{7.19}$$

となる．ここで，$\sum_{\{n_i\}}$ は $n_1, n_2, n_3, \ldots$ に分配する方法について和をとることを表している．また，$N = \sum_k n_k$，$E = \sum_k \varepsilon_k n_k$ であることを用いた．

式を簡単にするため化学ポテンシャル μ から測ったエネルギー準位 $e_j = \varepsilon_j - \mu$ を定義すると，式 (7.18) と式 (7.19) は，

$$f_j = f(\varepsilon_j) = \frac{\sum_{\{n_i\}} n_j e^{-\sum_k \beta e_k n_k}}{\Xi} \tag{7.20}$$

$$\Xi = \sum_{\{n_i\}} e^{-\sum_k \beta e_k n_k} \tag{7.21}$$

となり，式 (7.20) と式 (7.21) から，

$$f_j = f(\varepsilon_j) = -\frac{\partial \log \Xi}{\partial(\beta e_j)} \tag{7.22}$$

であることがわかる．

大分配関数 Ξ の計算を進めると，

$$
\begin{aligned}
\Xi &= \sum_{\{n_i\}} e^{-\sum_k \beta e_k n_k} = \sum_{\{n_i\}} \prod_k e^{-\beta e_k n_k} \\
&= \sum_{\{n_i\}} \left(e^{-\beta e_1 n_1} \cdot e^{-\beta e_2 n_2} \cdot e^{-\beta e_3 n_3} \cdots \right) \\
&= e^{-\beta e_1 \cdot 0} \cdot e^{-\beta e_2 \cdot 0} \cdot e^{-\beta e_3 \cdot 0} \cdots \\
&\quad + e^{-\beta e_1 \cdot 1} \cdot e^{-\beta e_2 \cdot 0} \cdot e^{-\beta e_3 \cdot 0} \cdots \\
&\quad + e^{-\beta e_1 \cdot 1} \cdot e^{-\beta e_2 \cdot 1} \cdot e^{-\beta e_3 \cdot 0} \cdots \\
&\quad + \cdots \\
&= \left(\sum_{n_1} e^{-\beta e_1 n_1} \right) \left(\sum_{n_2} e^{-\beta e_2 n_2} \right) \left(\sum_{n_3} e^{-\beta e_3 n_3} \right) \cdots \\
&= \prod_j \sum_{n_j} e^{-\beta e_j n_j} \tag{7.23}
\end{aligned}
$$

7.3 同種自由粒子が従う統計 **139**

となる．上の式の変形の途中で，$\{n_i\}$ として具体的に $(0,0,0,\ldots)$, $(1,0,0,\ldots)$, $(1,1,0,\ldots)$ の例を示すことで，$\sum_{n_j} e^{-\beta e_j n_j}$ の積で表されることを示した．

量子力学では1つの許される状態に何個の粒子を占めることができるかで，次の2種類に分けられる．

- 1つの許される状態を何個でも粒子が占める（入る）ことができる場合（ボース粒子）
- 1つの許される状態に1個の粒子しか占められない（入ることができない）場合（フェルミ粒子）

以下では，それぞれの粒子が従う統計について議論する．

7.3.1 ボース - アインシュタイン統計

ボース粒子が従う統計をボース - アインシュタイン統計とよぶ．1つの許される状態に0個から ∞ 個まで粒子が入ることができるので，

$$\Xi = \prod_k \sum_{n_k=0}^{\infty} e^{-\beta e_k n_k} = \prod_k \frac{1}{1 - e^{-\beta e_k}} \tag{7.24}$$

$$\log \Xi = -\sum_k \log \left(1 - e^{-\beta e_k}\right) \tag{7.25}$$

である．ここで，$|r| < 1$ の場合の等比無限級数の公式

$$\sum_{n=0}^{\infty} ar^n = \frac{a}{1-r} \tag{7.26}$$

を用いた．これによりボース分布

$$f_j = f(\varepsilon_j) = -\frac{\partial \log \Xi}{\partial(\beta e_j)} = \frac{e^{-\beta e_j}}{1 - e^{-\beta e_j}} = \frac{1}{e^{\beta e_j} - 1}$$
$$= \frac{1}{e^{\beta(\varepsilon_j - \mu)} - 1} \tag{7.27}$$

を得る．ボース分布を式 (7.16) と式 (7.17) に代入して，

140　第 7 章　同種粒子における影響（量子統計力学）

$$N = \frac{m^{\frac{3}{2}} V}{\sqrt{2}\pi^2 \hbar^3} \int_0^\infty \frac{\sqrt{\varepsilon}\, d\varepsilon}{e^{\beta(\varepsilon-\mu)} - 1} \tag{7.28}$$

$$E = \frac{m^{\frac{3}{2}} V}{\sqrt{2}\pi^2 \hbar^3} \int_0^\infty \frac{\varepsilon^{\frac{3}{2}}\, d\varepsilon}{e^{\beta(\varepsilon-\mu)} - 1} \tag{7.29}$$

となる.

7.3.2　フェルミ – ディラック統計

　フェルミ粒子が従う統計を**フェルミ – ディラック統計**とよぶ. 1 つの許される状態に 1 個までしか粒子が入ることができないので,

$$\Xi = \prod_k \sum_{n_k=0}^{1} e^{-\beta e_k n_k} = \prod_k \left(1 + e^{-\beta e_k}\right) \tag{7.30}$$

$$\log \Xi = \sum_k \log \left(1 + e^{-\beta e_k}\right) \tag{7.31}$$

である. これにより**フェルミ分布**

$$f_j = f(\varepsilon_j) = -\frac{\partial \log \Xi}{\partial(\beta e_j)} = \frac{e^{-\beta e_j}}{1 + e^{-\beta e_j}} = \frac{1}{e^{\beta e_j} + 1}$$

$$= \frac{1}{e^{\beta(\varepsilon_j-\mu)} + 1} \tag{7.32}$$

を得る. フェルミ分布を式 (7.16) と式 (7.17) に代入して,

$$N = \frac{m^{\frac{3}{2}} V}{\sqrt{2}\pi^2 \hbar^3} \int_0^\infty \frac{\sqrt{\varepsilon}\, d\varepsilon}{e^{\beta(\varepsilon-\mu)} + 1} \tag{7.33}$$

$$E = \frac{m^{\frac{3}{2}} V}{\sqrt{2}\pi^2 \hbar^3} \int_0^\infty \frac{\varepsilon^{\frac{3}{2}}\, d\varepsilon}{e^{\beta(\varepsilon-\mu)} + 1} \tag{7.34}$$

を得る. $\frac{kT}{\mu} \ll 1$ が成り立つ低温においてはゾンマーフェルトによって示されたゾンマーフェルト展開を用いて近似計算を行うことができる[4].

---

[4] $\frac{kT}{\mu} = \frac{1}{\beta\mu} \ll 1$ が成り立つ低温では,

$$\int_0^\infty H(\varepsilon) f(\varepsilon) d\varepsilon = \int_0^\mu H(\varepsilon) d\varepsilon + \frac{\pi^2}{6}(kT)^2 H'(\mu) + \frac{7\pi^4}{360}(kT)^4 H'''(\mu) + O\left(\frac{kT}{\mu}\right)^4$$

が成り立つ. この式をゾンマーフェルト展開という. ここで, $H(\varepsilon)$ を適切な関数にすることにより, N や E など複数の物理量に対応できる. H' は ε での 1 階微分を表している.

7.3.3 ボルツマン統計

粒子密度が小さいとき，すなわち気体として希薄な場合，$f_j \ll 1$ であるので，$e^{\beta(\varepsilon_j - \mu)} \gg 1$ である必要があり，

$$
\begin{aligned}
f_j &= \frac{1}{e^{\beta(\varepsilon_j - \mu)} \mp 1} \\
&\cong e^{\beta\mu} e^{-\beta\varepsilon_j} \\
&= A e^{-\beta\varepsilon_j}
\end{aligned}
\tag{7.35}
$$

と近似できる．ここで，$A = e^{\beta\mu}$ である．古典的なマクスウェル分布であるが，これをボルツマン統計とよんでいる．

ボルツマン統計の式 (7.35) を式 (7.16) と式 (7.17) に代入して，

$$
N \cong \frac{m^{\frac{3}{2}} V}{\sqrt{2}\pi^2 \hbar^3} e^{\beta\mu} \int_0^\infty e^{-\beta\varepsilon} \sqrt{\varepsilon} \, d\varepsilon
\tag{7.36}
$$

$$
E \cong \frac{m^{\frac{3}{2}} V}{\sqrt{2}\pi^2 \hbar^3} e^{\beta\mu} \int_0^\infty e^{-\beta\varepsilon} \varepsilon^{\frac{3}{2}} \, d\varepsilon
\tag{7.37}
$$

を得る．$\beta\varepsilon = x^2$ の変数変換とガウス積分の式 (4.90) を利用して，

$$
\begin{aligned}
\int_0^\infty e^{-\beta\varepsilon} \sqrt{\varepsilon} \, d\varepsilon &= 2 \left(\frac{1}{\beta} \right)^{\frac{3}{2}} \int_0^\infty x^2 e^{-x^2} \, dx \\
&= \frac{\sqrt{\pi}}{2} \left(\frac{1}{\beta} \right)^{\frac{3}{2}}
\end{aligned}
\tag{7.38}
$$

であるので，

$$
N \cong \left(\frac{mkT}{2\pi\hbar^2} \right)^{\frac{3}{2}} V e^{\beta\mu}
\tag{7.39}
$$

となる．また，部分積分と上式を用いて，

$$
\int_0^\infty e^{-\beta\varepsilon} \varepsilon^{\frac{3}{2}} \, d\varepsilon = \frac{3\sqrt{\pi}}{4} \left(\frac{1}{\beta} \right)^{\frac{5}{2}}
\tag{7.40}
$$

であるので，

142   第 7 章　同種粒子における影響（量子統計力学）

$$E \cong \left(\frac{mkT}{2\pi\hbar^2}\right)^{\frac{3}{2}} V e^{\beta\mu} \frac{3}{2} kT$$
$$= \frac{3}{2} NkT \tag{7.41}$$

となり，古典統計力学と同じ結果となる．式 (7.39) を変形して得られる

$$e^{\beta\mu} = \frac{N}{V}\left(\frac{2\pi\hbar^2}{mkT}\right)^{\frac{3}{2}} \tag{7.42}$$

から，古典統計力学を導いた近似 $e^{-\beta\mu} \gg 1$ は

$$\frac{N}{V} \ll \left(\frac{mkT}{2\pi\hbar^2}\right)^{\frac{3}{2}} \tag{7.43}$$

となる．すなわち，粒子密度が，

$$\left(\frac{mkT}{2\pi\hbar^2}\right)^{\frac{3}{2}} \tag{7.44}$$

と同程度か大きくなると，古典統計力学は使えなくなる．液体ヘリウムは低温でこの条件となり，量子現象である**超流動**[5]とよばれる性質を示すようになる．

例題 7.1

　式 (7.43) の両辺がほぼ等しい条件から，液体ヘリウムにおいて古典統計力学が使えなくなる温度を求めよ．

【解答】　陽子または中性子の質量が 1.66×10^{-27} kg，1 mol の液体ヘリウムは 27.6 cm^3 の体積を占めることから，次の数値を計算で用いることとする．$N = 6.02 \times 10^{23}$，$V = 27.6 \times 10^{-6}$ m^3，$k = 1.38 \times 10^{-23}$ J/K，$m = 4 \times 1.66 \times 10^{-27} = 6.64 \times 10^{-27}$ kg，$\hbar = 1.05 \times 10^{-34}$ J·s．

　式 (7.43) を等号で結んで変形し数値を代入すると，

---
[5] 一定の流速以下であれば液体ヘリウムの粘性抵抗がゼロとなり，容器の壁を伝って外に漏れたり，通常の液体では通れない隙間から流れ出たりする現象．

$$T = \left(\frac{N}{V}\right)^{\frac{2}{3}} \frac{2\pi\hbar^2}{mk}$$

$$= \left(\frac{6.02 \times 10^{23}}{27.6 \times 10^{-6}}\right)^{\frac{2}{3}} \frac{2 \times 3.14 \times (1.05 \times 10^{-34})^2}{6.64 \times 10^{-27} \times 1.38 \times 10^{-23}}$$

$$= 5.9 \tag{7.45}$$

ゆえに，古典統計力学が使えなく温度はおおよそ 5.9 K である．超流動現象が観測される温度は 1 気圧で 2.2 K である．これは，ボース–アインシュタイン凝縮[6]が起きる温度であり，式 (7.45) と同程度の大きさである． □

ボース–アインシュタイン統計，フェルミ–ディラック統計，ボルツマン統計を表す 3 つの分布関数

$$f = \frac{1}{e^x - 1}, \quad f = \frac{1}{e^x + 1}, \quad f = e^{-x} \tag{7.46}$$

を同じグラフに示したものが図 7.2 である．全体的な形は大きく異なるが，f が小さくなる高エネルギー側の振舞いは 3 つとも類似しており，この部分が重要な役割を担う物理量は同様の特徴を示すことが予想される．

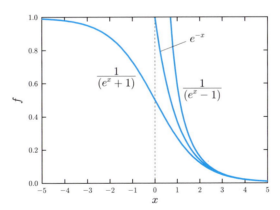

図 7.2　3 つの統計に対応する $f = \frac{1}{(e^x-1)}$, $f = \frac{1}{(e^x+1)}$, $f = e^{-x}$ を示すグラフ．

---

[6] 巨視的な数のボース粒子が 1 つの粒子状態に凝縮する現象．この現象により超流動のような量子現象が観測される．

144 第 7 章 同種粒子における影響（量子統計力学）

7.4 固体の比熱

固体の比熱を求めるため，原子，分子またはイオンが格子を組み，つり合いの位置近傍で振動しているモデルを考えよう．6.3 節では独立な調和振動子の集まりの内部エネルギーを古典論で求めて，絶対温度で微分することによりデュロン – プティの法則 $C_V = 3R$ を導いた．この節では，調和振動子の量子論による解を用いて議論する．

まずは 1 個の 1 次元調和振動子について考えよう．1 次元調和振動子のエネルギー固有値 ε_n は，

$$\varepsilon_n = \left(n + \frac{1}{2}\right)\hbar\omega \tag{7.47}$$

と与えられている．したがって，ε_n の状態をとる確率は，

$$
\begin{aligned}
f(\varepsilon_n) &= \frac{e^{-\beta(n+\frac{1}{2})\hbar\omega}}{\sum_{n=0}^{\infty} e^{-\beta(n+\frac{1}{2})\hbar\omega}} = \frac{e^{-\beta n\hbar\omega}e^{-\frac{\beta\hbar\omega}{2}}}{\sum_{n=0}^{\infty} e^{-\beta n\hbar\omega}e^{-\frac{\beta\hbar\omega}{2}}} \\
&= \frac{e^{-\beta n\hbar\omega}}{\sum_{n=0}^{\infty} e^{-\beta n\hbar\omega}} = \frac{e^{-\beta n\hbar\omega}}{\frac{1}{1-e^{-\beta\hbar\omega}}} = \left(1 - e^{-\beta\hbar\omega}\right)e^{-\beta n\hbar\omega}
\end{aligned}
\tag{7.48}
$$

となる．ここで，等比無限級数の公式 (7.26) を利用した関係式

$$\sum_{n=0}^{\infty} e^{-\alpha n} = \frac{1}{1-e^{-\alpha}} \tag{7.49}$$

を用いた．エネルギーの平均値は

$$
\begin{aligned}
\overline{\varepsilon} &= \sum_{n=0}^{\infty} \varepsilon_n f(\varepsilon_n) = \frac{\sum_{n=0}^{\infty} \left(n + \frac{1}{2}\hbar\omega\right)e^{-\beta n\hbar\omega}}{\sum_{n=0}^{\infty} e^{-\beta n\hbar\omega}} \\
&= \frac{1}{2}\hbar\omega + \frac{\sum_{n=0}^{\infty} ne^{-\beta n\hbar\omega}}{\sum_{n=0}^{\infty} e^{-\beta n\hbar\omega}}\hbar\omega
\end{aligned}
\tag{7.50}
$$

であるが，式 (7.49) の両辺を α で微分すると，

$$(左辺) = \frac{\partial \sum_{n=0}^{\infty} e^{-\alpha n}}{\partial \alpha} = \sum_{n=0}^{\infty}(-n)e^{-\alpha n} \tag{7.51}$$

$$(右辺) = \frac{\partial \left(1-e^{-\alpha}\right)^{-1}}{\partial \alpha} = -\frac{e^{-\alpha}}{\left(1-e^{-\alpha}\right)^2} \tag{7.52}$$

$$\sum_{n=0}^{\infty} n e^{-\alpha n} = \frac{e^{-\alpha}}{(1 - e^{-\alpha})^2} = \frac{1}{(1 - e^{-\alpha})(e^{\alpha} - 1)} \tag{7.53}$$

であるので,

$$\bar{\varepsilon} = \frac{1}{2}\hbar\omega + \frac{\hbar\omega}{e^{\beta\hbar\omega} - 1} \tag{7.54}$$

を得る.

アインシュタインは N 個の同種原子等からなる結晶の格子振動を,N 個の独立な 3 次元調和振動子(3N 個の 1 次元調和振動子)とみなし,さらに,すべてが同じ角振動数 ω としたモデル(**アインシュタインモデル**)を提唱した[7].このモデルによると全系のエネルギー E は

$$E = 3N\bar{\varepsilon} = \frac{3}{2}N\hbar\omega + \frac{3N\hbar\omega}{e^{\beta\hbar\omega} - 1} \tag{7.55}$$

である.したがって定積比熱 C_V は

$$C_V = \frac{dE}{dT} = \frac{3Nk(\frac{\hbar\omega}{kT})^2 e^{\frac{\hbar\omega}{kT}}}{(e^{\frac{\hbar\omega}{kT}} - 1)^2} \tag{7.56}$$

である.1 mol の場合は,式 (7.56) において $N = N_{\mathrm{A}}$ とすると,

$$C_V = 3R\frac{(\frac{\hbar\omega}{kT})^2 e^{\frac{\hbar\omega}{kT}}}{(e^{\frac{\hbar\omega}{kT}} - 1)^2} \tag{7.57}$$

となる.これは,**アインシュタインの比熱式**とよばれ,比熱の温度変化を初めて説明することに成功したモデルである.

高温の極限,すなわち $\frac{\hbar\omega}{kT} \to 0$ では,

$$e^{\frac{\hbar\omega}{kT}} \sim 1 + \frac{\hbar\omega}{kT} \tag{7.58}$$

の近似を用いて,

$$C_V \sim 3R\left(1 + \frac{\hbar\omega}{kT}\right) \tag{7.59}$$

---

[7] 1 次元調和振動子は質量 m の質点が位置エネルギー $U(x) = \frac{1}{2}m\omega x^2$ において振動する系であるので,同じ位置エネルギーの形を仮定したモデルである.

146   第 7 章　同種粒子における影響（量子統計力学）

となり，デュロン – プティの法則に接続する．

　実際の固体では角振動数は一定値ではなく，ω から $\omega + d\omega$ の振動子は $g(\omega)d\omega$ の割合で分布しているとすると，

$$C_V = \int_0^\infty g(\omega)k\frac{\left(\frac{\hbar\omega}{kT}\right)^2 e^{\frac{\hbar\omega}{kT}}}{\left(e^{\frac{\hbar\omega}{kT}} - 1\right)^2}d\omega \tag{7.60}$$

と表すことができる．

　固体中の波動方程式から $g(\omega)$ を求めることとする．固体中における位置 $\boldsymbol{r} = (x,y,z)$ の時刻 t での変位を $u(\boldsymbol{r},t)$ と表すと，固体中での波動方程式は

$$\frac{\partial^2 u(\boldsymbol{r},t)}{\partial t^2} = c^2\left(\frac{\partial^2 u(\boldsymbol{r},t)}{\partial x^2} + \frac{\partial^2 u(\boldsymbol{r},t)}{\partial y^2} + \frac{\partial^2 u(\boldsymbol{r},t)}{\partial z^2}\right) \tag{7.61}$$

となる．ここで，c は音速である．固体を 1 辺が L の立方体（体積 $V = L^3$）とすると，

$$u(0,y,z,t) = u(L,y,z,t) = u(x,0,z,t) = u(x,L,z,t)$$
$$= u(x,y,0,t) = u(x,y,L,t) = 0 \tag{7.62}$$

が境界条件である．この場合の解は

$$u(\boldsymbol{r},t) = a\sin\omega t\sin\frac{n_x\pi}{L}x\sin\frac{n_y\pi}{L}y\sin\frac{n_z\pi}{L}z \tag{7.63}$$

となる．ここで，n_x, n_y, n_z は正の整数である．この解を波動方程式に代入することによって，

$$\omega = c\frac{\pi}{L}\sqrt{n_x^2 + n_y^2 + n_z^2} = c\frac{\pi}{L}n \tag{7.64}$$

を得る．最後の式の n は式 (7.8) で定義した．

　付録 B.1 節および 7.3 節と同じ議論から，$n \sim n+dn$ の許される状態の数は $\frac{1}{8}\times 4\pi n^2 dn$ である．変数を角振動数 ω に変換することで，求めるべき $g(\omega)d\omega$ を得ることができる．

$$\frac{1}{8}\times 4\pi n^2 dn = \frac{\pi}{2}\left(\frac{L}{\pi c}\omega\right)^2\frac{L}{\pi c}d\omega$$
$$= \frac{V}{2\pi^2 c^3}\omega^2 d\omega \tag{7.65}$$

7.4 固体の比熱 147

なお，固体中の音波は縦波（音速 c_l）と自由度が 2 の横波（音速 c_t）の 3 つの自由度があるので，

$$g(\omega)d\omega = \frac{V}{2\pi^2}\left(\frac{1}{c_l^3} + \frac{2}{c_t^3}\right)\omega^2 d\omega \tag{7.66}$$

となる．ω^2 に比例するので，ω の増加にともない，状態の数は発散する[8]．そこで，簡単なモデルとして ω に対してしきい値が存在し，それ以上では状態は存在しないとする．そのモデルをデバイモデルとよぶ．1 mol の原子等を含む結晶に対しては，しきい値であるデバイ振動数 ω_D は

$$\int_0^{\omega_D} g(\omega)d\omega = 3N_A \tag{7.67}$$

を満たす．式 (7.66) を代入して計算すると，

$$\int_0^{\omega_D} \frac{V}{2\pi^2}\left(\frac{1}{c_l^3} + \frac{2}{c_t^3}\right)\omega^2 d\omega = 3N_A \tag{7.68}$$

$$\frac{V}{2\pi^2}\left(\frac{1}{c_l^3} + \frac{2}{c_t^3}\right)\left[\frac{\omega^3}{3}\right]_0^{\omega_D} = 3N_A \tag{7.69}$$

$$\frac{V}{2\pi^2}\left(\frac{1}{c_l^3} + \frac{2}{c_t^3}\right) = \frac{9N_A}{\omega_D^3} \tag{7.70}$$

となる．したがって，状態密度は

$$g(\omega)d\omega = \frac{9N_A}{\omega_D^3}\omega^2 d\omega \tag{7.71}$$

となる．したがって，1 mol あたりの比熱（モル比熱）は

$$C_V = \frac{9N_A k}{\omega_D}\int_0^{\omega_D} \frac{\omega^2 \left(\frac{\hbar\omega}{kT}\right)^2 e^{\frac{\hbar\omega}{kT}}}{(e^{\frac{\hbar\omega}{kT}} - 1)^2}d\omega \tag{7.72}$$

である．エネルギー $\hbar\omega$ に相当するデバイ温度 Θ_D は

$$\hbar\omega_D = k\Theta_D \tag{7.73}$$

で ω_D と関係している．積分変数として，$\xi = \frac{\hbar\omega}{kT}$ を導入すると，

---

[8] もともと格子点上にのみ原子や分子の自由度があったものを，連続体近似したことによる．

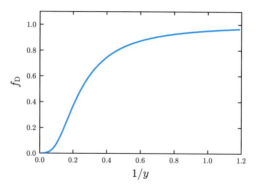

図 7.3 デバイ関数 $f_D(y)$. ただし，横軸は $\frac{1}{y}$ である．

$$C_V = \frac{9R}{(\frac{k\Theta_D}{\hbar})^3} \int_0^{\frac{\Theta_D}{T}} \frac{(\frac{kT}{\hbar}\xi)^2 \xi^2 e^\xi}{(e^\xi - 1)^2} \frac{kT}{\hbar} d\xi$$

$$= 9R \left(\frac{T}{\Theta_D}\right)^3 \int_0^{\frac{\Theta_D}{T}} \frac{\xi^4 e^\xi}{(e^\xi - 1)^2} d\xi$$

$$= 3R f_D\left(\frac{\Theta_D}{T}\right) \tag{7.74}$$

となる．これを**デバイの比熱式**とよび，$f_D(y)$ は次式で定義される**デバイ関数**である．

$$f_D(y) = \frac{3}{y^3} \int_0^y \frac{x^4 e^x}{(e^x - 1)^2} dx \tag{7.75}$$

デバイ関数を図 7.3 に示している．

7.5 熱輻射

18 世紀から 19 世紀にかけて起こった産業革命において，鉄の需要が高まり，製鉄の技術に関する研究が進んだ．その中で溶鉱炉内の鉄の温度を知るために，高温の鉄から**熱輻射**により放射されている光（電磁波）から温度を調べる方法が開発された．

熱輻射による電磁波は物体の温度だけではなく，物体の種類や表面の性質に

7.5 熱 輻 射

よる. そこで, 基準となる物体として電磁波を完全に吸収する物体を考え, **完全黒体または黒体**とよぶ. 現実の物体として黒体を実現するものとして, 小さな孔が開いた空洞を考えることができる. 孔に入った光は空洞の中で反射しても孔が小さいので空洞の外に出ることはまれで, ほとんど完全に吸収するので黒体とみなすことができる. 物体の種類や表面によらない黒体から輻射する電磁波を考えよう. 空洞の温度が均一であり, 熱平衡状態であるとする. 空洞を形づくる物質の分子は熱振動しており, その振動数と一致した電磁波を輻射しているとする. 7.4 節で固体中の音波における $\omega \sim \omega + d\omega$ の角振動数をもつ状態密度は式 (7.66) で求めていた. 電磁波は横波であるので, 自由度が 2 の横波の成分のみを考慮した状態密度 $g(\omega)$ は,

$$g(\omega)d\omega = \frac{V}{\pi^2 c^3}\omega^2 d\omega \tag{7.76}$$

となる. 振動子のエネルギーの平均値は式 (7.54) で求めている. エネルギーの原点は選ぶことができるので定数項は省いて, 以下では

$$\overline{\varepsilon} = \frac{\hbar\omega}{e^{\beta\hbar\omega} - 1} \tag{7.77}$$

とする. ゆえに, $\omega \sim \omega + d\omega$ における熱輻射のエネルギー密度 $E_\omega d\omega$ は,

$$E_\omega d\omega = \frac{1}{V}g(\omega)\overline{\varepsilon}d\omega = \frac{\hbar}{\pi^2 c^3}\frac{\omega^3 d\omega}{e^{\beta\hbar\omega} - 1} \tag{7.78}$$

となる.

波長 λ に対するエネルギー密度に変換するために, $\nu = \frac{\omega}{2\pi} = \frac{c}{\lambda}$ の関係から

$$d\omega = -\frac{2\pi c}{\lambda^2}d\lambda \tag{7.79}$$

であることを用いると,

$$
\begin{aligned}
E_\omega d\omega &= \frac{\hbar}{\pi^2 c^3}\frac{\omega^3 d\omega}{e^{\beta\hbar\omega} - 1} \\
&= \frac{\hbar}{\pi^2 c^3}\frac{\left(\frac{2\pi c}{\lambda}\right)^3}{e^{\beta\hbar\left(\frac{2\pi c}{\lambda}\right)} - 1}\left(-\frac{2\pi c}{\lambda^2}\right)d\lambda \\
&= -\frac{2^4\pi^2 c\hbar}{\lambda^5}\frac{d\lambda}{e^{\beta\hbar\left(\frac{2\pi c}{\lambda}\right)} - 1} \tag{7.80}
\end{aligned}
$$

である. これは $\lambda \sim \lambda + d\lambda$ における熱輻射のエネルギー密度であるが, ω を

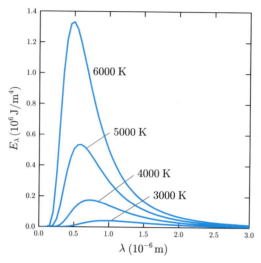

図 7.4 3000 K から 6000 K のプランクの熱輻射の波長依存性

単純に λ に変換したので，$d\omega > 0$ であれば $d\lambda < 0$ であり，マイナスの値となっている．そのことを考慮して，$\lambda \sim \lambda + d\lambda$ における熱輻射のエネルギー密度 $E_\lambda d\lambda$ は，

$$E_\lambda d\lambda = \frac{2^4 \pi^2 c\hbar}{\lambda^5} \frac{d\lambda}{e^{\beta\hbar(\frac{2\pi c}{\lambda})} - 1} = \frac{8\pi ch}{\lambda^5} \frac{d\lambda}{e^{\frac{hc}{\lambda kT}} - 1} \tag{7.81}$$

である．これを**プランクの熱輻射式**とよぶ．図 7.4 に 3000 K から 6000 K の温度におけるエネルギー密度の波長依存性を示した．

全角振動数にわたって積分して全エネルギー密度を求める．

$$E = \int_0^\infty E_\omega d\omega = \int_0^\infty \frac{\hbar}{\pi^2 c^3} \frac{\omega^3 d\omega}{e^{\beta\hbar\omega} - 1} \tag{7.82}$$

積分を実施するために，$x = \beta\hbar\omega = \frac{\hbar\omega}{kT}$ の変数に変換すると

$$E = \frac{k^4 T^4}{\pi^2 c^3 \hbar^3} \int_0^\infty \frac{x^3 dx}{e^x - 1} \tag{7.83}$$

となる．積分公式（計算方法は数学ワンポイントで説明する）

$$\int_0^\infty \frac{x^3 dx}{e^x - 1} = \frac{\pi^4}{15} \tag{7.84}$$

を用いると

7.5 熱 輻 射 **151**

$$E = \frac{\pi^2 k^4}{15 c^3 \hbar^3} T^4 = \frac{8\pi^5 k^4}{15 c^3 h^3} T^4 \tag{7.85}$$

となる. 放射に関する関係式から, 物体の表面 $1\,\mathrm{m}^2$ が 1 秒間に放射する電磁波のエネルギーは $W = \frac{cE}{4}$ で与えられるので,

$$W = \frac{2\pi^5 k^4}{15 c^2 h^3} T^4 = \sigma T^4 \tag{7.86}$$

となる. これを, シュテファン‐ボルツマンの法則とよぶ. $\sigma = 5.67 \times 10^{-8}$ W/$(\mathrm{m}^2 \cdot \mathrm{K}^4)$ がシュテファン‐ボルツマン定数である.

数学ワンポイント **積分公式 (7.84) について**

式 (7.84) の左辺被積分関数の分母分子に e^{-x} を掛けると,

$$\int_0^\infty \frac{x^3}{e^x - 1} dx = \int_0^\infty \frac{x^3 e^{-x}}{1 - e^{-x}} dx \tag{7.87}$$

となる. 無限級数

$$\frac{1}{1 - e^{-x}} = \sum_{n=0}^\infty e^{-nx} \tag{7.88}$$

を用いると,

$$\begin{aligned}
\int_0^\infty \frac{x^3 e^{-x}}{1 - e^{-x}} dx &= \int_0^\infty x^3 e^{-x} \left(\sum_{n=0}^\infty e^{-nx} \right) dx \\
&= \int_0^\infty x^3 e^{-x} \left(1 + e^{-x} + e^{-2x} + \cdots \right) dx \\
&= \sum_{n=1}^\infty \int_0^\infty x^3 e^{-nx} dx
\end{aligned} \tag{7.89}$$

となる. ここで, 部分積分を繰り返すことで

$$\int_0^\infty x^3 e^{-nx} dx = \frac{6}{n^4} \tag{7.90}$$

となる. したがって,

152　　第 7 章　同種粒子における影響（量子統計力学）

$$\sum_{n=1}^{\infty} \int_0^{\infty} x^3 e^{-nx} dx = 6 \sum_{n=1}^{\infty} \frac{1}{n^4} \tag{7.91}$$

であり，無限級数の公式より

$$\sum_{n=0}^{\infty} \frac{1}{n^4} = \frac{\pi^4}{90} \tag{7.92}$$

となり，式 (7.84) が求まる．

$$\int_0^{\infty} \frac{x^3 dx}{e^x - 1} = 6 \cdot \frac{\pi^4}{90} = \frac{\pi^4}{15} \tag{7.93}$$

演 習 問 題

演習 7.1　自由粒子におけるシュレーディンガー方程式の解として平面波

$$\psi(x, y, z) = \psi_0 e^{i(k_x x + k_y y + k_z z)} \tag{7.94}$$

を考える．一辺が L の立方体における周期的境界条件

$$\psi(x + L, y, z) = \psi(x, y, z) \tag{7.95}$$

$$\psi(x, y + L, z) = \psi(x, y, z) \tag{7.96}$$

$$\psi(x, y, z + L) = \psi(x, y, z) \tag{7.97}$$

においても，状態密度に関する式 (7.15) が一致することを示せ．

演習 7.2　化学ポテンシャル μ 近傍におけるフェルミ分布関数のエネルギー微分 $\frac{df}{d\varepsilon}$ をグラフで示し，大きく変化するエネルギーの範囲が kT の数倍程度であることを示せ．

演習 7.3　デバイの比熱式 (7.74) において，高温 $T \gg \Theta_{\mathrm{D}}$ ではデュロン‐プティの法則となることを示せ．

演習 7.4　デバイの比熱式 (7.74) において，低温 $T \ll \Theta_{\mathrm{D}}$ での温度依存性が T^3 となることを示せ．

演習 7.5　プランクの熱輻射式において強度が最大となる波長を求めよ．得られる結果はウィーンの変位則として知られている．

付録 A

量子力学の基礎

A.1 シュレーディンガー方程式

　この付録では，量子力学の基礎について復習する．本書ではシュレーディンガーによる表式を用い，シュレーディンガー方程式の解である波動関数が各状態を表す．時間に依存するシュレーディンガー方程式の解である時間的に変動する波動関数もあるが，本書では定常的な場合のみを扱う．その場合，シュレーディンガー方程式はハミルトニアンに対する固有値方程式となる．1粒子のハミルトニアン H に対するエネルギー固有値 E の固有状態 $\psi(\boldsymbol{r})$ を用いて表すと

$$H\psi(\boldsymbol{r}) = -\frac{\hbar^2}{2m}\nabla^2\psi(\boldsymbol{r}) + V(\boldsymbol{r})\psi(\boldsymbol{r}) = E\psi(\boldsymbol{r}) \tag{A.1}$$

となる．ここで，$V(\boldsymbol{r})$ は粒子が感じるポテンシャル（位置エネルギー）である．また，$\hbar = \frac{h}{2\pi} = 1.055 \times 10^{-34}\,\mathrm{J\cdot s}$ であり，$h = 6.626 \times 10^{-34}\,\mathrm{J\cdot s}$ はプランク定数である．統計力学における物理的意味は個々の具体例を通して見ていくこととする．

A.2 1次元の自由粒子

　x 軸に沿って運動する1次元の自由粒子を考えよう．$x = 0$ と $x = L$ に壁があり，弾性衝突をして $0 \leq x \leq L$ の間で運動する場合を考える．

　古典力学では，初期条件で速度つまり運動量 p_x の絶対値が決まり，$x = 0$ と $x = L$ の壁で符号が反転する．エネルギーは運動エネルギーのみであり，一定値 $E = \frac{p_x^2}{2m}$ から，

$$p_x = \pm\sqrt{2mE} \tag{A.2}$$

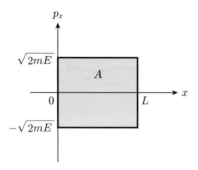

図 A.1 $0 \leq x \leq L$ の間で弾性衝突を繰り返す自由粒子における p_x-x グラフ

である．したがって，図 A.1 に示すように，p_x-x グラフは長方形であり，面積 A は

$$A = 2\sqrt{2mE}L \tag{A.3}$$

である．
　量子力学ではシュレーディンガー方程式

$$-\frac{\hbar^2}{2m}\frac{d^2\psi(x)}{dx^2} = E\psi(x) \tag{A.4}$$

と境界条件

$$\psi(0) = \psi(L) = 0 \tag{A.5}$$

を満たす解を求める必要がある．波動関数として

$$\psi(x) \propto e^{ikx} \tag{A.6}$$

を仮定すると，$k = \pm\frac{\sqrt{2mE}}{\hbar}$ であるので，

$$\psi(x) = Ae^{\frac{i\sqrt{2mE}x}{\hbar}} + Be^{-\frac{i\sqrt{2mE}x}{\hbar}} \tag{A.7}$$

が解となる．境界条件 $\psi(0) = 0$ より $A = -B$ であるので，

$$\psi(x) = C\sin\left(\frac{\sqrt{2mE}x}{\hbar}\right) \tag{A.8}$$

A.3 1次元調和振動子　　　　**155**

となる．さらに，境界条件 $\psi(L) = 0$ を満たす条件は，

$$\frac{\sqrt{2mE}}{\hbar}L = n\pi \tag{A.9}$$

である．ここで，n は正の整数である．エネルギー固有値はとびとびの値となり，

$$E_n = \frac{n^2 h^2}{8mL^2} \tag{A.10}$$

である．古典論における p_x-x グラフの面積は量子論においては任意の値をとることはできず，量子化により，

$$A_n = 2\sqrt{2mE_n}L = nh \tag{A.11}$$

となる．ここで，$A_{n+1} - A_n = h$ を満たすことに注意．

A.3　1次元調和振動子

x 軸に沿って原点 $x = 0$ の周りで振動する1次元調和振動子の場合を考える．ポテンシャルは $V(x) = \frac{1}{2}m\omega^2 x^2$ とする．

古典力学では運動量 p_x と座標 x に対してエネルギーは

$$E(x, p_x) = \frac{p_x^2}{2m} + \frac{1}{2}m\omega^2 x^2 \tag{A.12}$$

と表される．エネルギーが一定値 E であれば，

$$\left(\frac{p_x}{\sqrt{2mE}}\right)^2 + \left(\frac{x}{\sqrt{\frac{2E}{m\omega^2}}}\right)^2 = 1 \tag{A.13}$$

となり，p_x-x グラフでは図 **A.2** に示すように，$\sqrt{2mE}$ と $\sqrt{\frac{2E}{m\omega^2}}$ を長径あるいは短径とする楕円となる．したがって面積 A は

$$A = \pi\sqrt{2mE} \cdot \sqrt{\frac{2E}{m\omega^2}}$$
$$= \frac{2\pi E}{\omega} = \frac{E}{\nu} \tag{A.14}$$

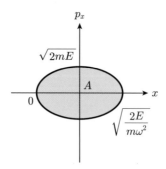

図 **A.2** 1次元調和振動子における p_x-x グラフ

である．ここで，$\nu = \frac{\omega}{2\pi}$ は振動数である．

量子力学ではシュレーディンガー方程式

$$-\frac{\hbar^2}{2m}\frac{d^2\psi(x)}{dx^2} + \frac{1}{2}m\omega^2 x^2 \psi(x) = E\psi(x) \tag{A.15}$$

を解くと，エネルギー固有値はとびとびの値となり，

$$E_n = \left(n + \frac{1}{2}\right)\hbar\omega = \left(n + \frac{1}{2}\right)h\nu \tag{A.16}$$

である．量子力学における詳しい計算では，固有状態は

$$\psi_n(x) = \left(\frac{m\omega}{\pi\hbar}\right)^{\frac{1}{4}} \frac{1}{\sqrt{2^n n!}} \exp\left(-\frac{m\omega}{2\hbar}x^2\right) H_n\left(\sqrt{\frac{m\omega}{\hbar}}\right) \tag{A.17}$$

である．ここで，$H_n(x)$ はエルミートの多項式であり，

$$H_n(x) = (-1)^n e^{x^2} \frac{d^n}{dx^n} e^{-x^2} \tag{A.18}$$

である．古典論における p_x-x グラフの面積は量子論では

$$A_n = \frac{E_n}{\nu}$$
$$= \left(n + \frac{1}{2}\right)h \tag{A.19}$$

となり，やはり，$A_{n+1} - A_n = h$ を満足する．

A.4 古典力学の条件

前節で見たように量子力学におけるとびとびの固有状態に対して，対応する古典力学での 2 次元位相空間 (x, p_x) の面積がプランク定数 h だけ異なっている．したがって，位相空間における微小領域 $d\tau = dqdp$ 中に

$$\frac{d\tau}{h} = \frac{dqdp}{h} \tag{A.20}$$

だけの状態数が存在する．f 自由度であれば，

$$\frac{d\tau}{h^f} = \frac{dq_1 dq_2 \cdots dq_f dp_1 dp_2 \cdot dp_f}{h^f} \tag{A.21}$$

となる．

古典力学で取り扱える条件はこれらの数が十分大きい場合，すなわち，位相空間での面積 A に対して，$A \gg h^f$ である．一方，量子効果が効いてくる条件は $A \sim h^f$ である．絶対温度 T における熱振動をしている 1 次元調和振動子で考えよう．エネルギーは kT 程度であるので，$A = \frac{kT}{\nu}$ である．したがって，量子効果が効いてくる条件は $h\nu \sim kT$ であり，温度で表すと

$$\Theta = \frac{h\nu}{k} \tag{A.22}$$

である．$T \gg \Theta$ であれば古典力学で取り扱える．

付録 B

立方体中の N 個の自由粒子の系における状態数

B.1 3次元空間の自由粒子

A.2 節で 1 次元の自由粒子について説明している．それを 3 次元に拡張しよう．一辺が L の立方体（体積 $V = L^3$）中の 1 個の自由粒子に対するシュレーディンガー方程式は

$$-\frac{\hbar^2}{2m}\left(\frac{\partial^2}{\partial x^2} + \frac{\partial^2}{\partial y^2} + \frac{\partial^2}{\partial z^2}\right)\psi(x,y,z) = E\psi(x,y,z) \tag{B.1}$$

であり，境界条件は

$$\psi(0,y,z) = \psi(L,y,z) = \psi(x,0,z) = \psi(x,L,z) = \psi(x,y,0) = \psi(x,y,L) = 0 \tag{B.2}$$

である．また，立方体中の存在確率が 1 であることから，

$$\int_0^L dx \int_0^L dy \int_0^L dz |\psi(x,y,z)|^2 = 1 \tag{B.3}$$

の条件がある．これらを満たす解は

$$\psi(x,y,z) = \left(\frac{2}{L}\right)^{\frac{3}{2}} \sin\left(\frac{\pi n_x}{L}x\right) \sin\left(\frac{\pi n_y}{L}y\right) \sin\left(\frac{\pi n_z}{L}z\right) \tag{B.4}$$

である．ここで，n_x, n_y, n_z は正の整数である．式 (B.4) を式 (B.1) に代入してエネルギー固有値を求めると，

$$E_{n_x,n_y,n_z} = E_0\left(n_x^2 + n_y^2 + n_z^2\right), \quad E_0 = \frac{\pi^2\hbar^2}{2mL^2} \tag{B.5}$$

である．

B.1 3次元空間の自由粒子

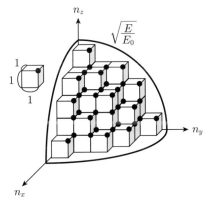

図 B.1 $n_x n_y n_z$ 空間における E 以下の状態数を求めるための作図．図の左に一辺が 1 の立方体と許される状態の頂点を黒丸で示している．半径 $\sqrt{\frac{E}{E_0}}$ の球の第 1 象限にこの立方体を何個埋められるかで状態数を求めることができる．

エネルギーの値が E 以下である許される状態は，

$$E_0 \left(n_x^2 + n_y^2 + n_z^2\right) \leq E \tag{B.6}$$

$$\sqrt{n_x^2 + n_y^2 + n_z^2} \leq \sqrt{\frac{E}{E_0}} \tag{B.7}$$

を満たす正の整数の組 (n_x, n_y, n_z) である．2 行目の式に変形することにより，許される状態は $n_x n_y n_z$ 空間の正の整数の組 (n_x, n_y, n_z) で表される座標の中で，半径が $\sqrt{\frac{E}{E_0}}$ の球の第 1 象限 $(n_x > 0, n_y > 0, n_z > 0)$ の内側の点であることがわかる．ここで，$n_x n_y n_z$ 空間の一辺が 1 の立方体を考えよう．立方体の 8 個の頂点中で n_x, n_y, n_z がすべて正の方向の頂点に許される状態があると考えると，図 B.1 に示すように，半径 $\sqrt{\frac{E}{E_0}}$ の球の第 1 象限内に収まる立方体の数が求める状態数に対応する．したがって，立方体の体積の和は球の体積の $\frac{1}{8}$ より小さいことになる．（上限）一方，立方体の対角線の長さは $\sqrt{3}$ なので，半径が $\sqrt{\frac{E}{E_0}} - \sqrt{3}$ の球の $\frac{1}{8}$ の体積よりは状態数は大きいことが予想される．（下限）ゆえに，エネルギーが E 以下の許される状態の数 $\Omega(E)$ は，

160　　付録 B　立方体中の N 個の自由粒子の系における状態数

$$\frac{1}{8} \times \frac{4\pi}{3} \left(\sqrt{\frac{E}{E_0}} - \sqrt{3} \right)^3 \leq \Omega(E) \leq \frac{1}{8} \times \frac{4\pi}{3} \left(\sqrt{\frac{E}{E_0}} \right)^3 \tag{B.8}$$

である.

B.2 3次元空間の N 個の自由粒子

前節と同じ一辺が L の立方体の容器内に N 個の自由粒子がある場合の状態数を考えよう. 粒子の内部構造や粒子間の相互作用を無視した単原子分子理想気体とする. すべての粒子が独立に扱えるので, 個々の粒子の波動関数が式 (B.4) の表式となる. したがって, 粒子ごとに 3 個の正の整数の組 (n_x, n_y, n_z) で許される状態を表せるので, N 個の粒子の場合は $3N$ 個の正の整数の組 $(n_{1x}, n_{1y}, n_{1z}, n_{2x}, n_{2y}, n_{2z}, \ldots, n_{Nx}, n_{Ny}, n_{Nz})$ で全エネルギーが決まる. 全エネルギーの値が E 以下である条件は,

$$\sum_{j=1}^{N} \left(n_{jx}^2 + n_{jy}^2 + n_{jz}^2 \right) \leq \frac{E}{E_0} \tag{B.9}$$

となる. 図 **B.1** と同様に考えると, 半径が $\sqrt{\frac{E}{E_0}}$ である $3N$ 次元の球の第 1 象限に, 一辺が 1 の $3N$ 次元における超立方体が収まる個数が求める状態数である. $3N$ 次元における第 1 象限は全空間の $\frac{1}{2^{3N}}$ であるので, 半径 r の d 次元の球の体積を $V_d(r)$ と表すと, N 個の自由粒子の全エネルギーが E 以下である許される状態の数 $\Omega(E)$ は,

$$\frac{1}{N!} \frac{1}{2^{3N}} V_{3N} \left(\sqrt{\frac{E}{E_0}} - \sqrt{3N} \right) \leq \Omega(E) \leq \frac{1}{N!} \frac{1}{2^{3N}} V_{3N} \left(\sqrt{\frac{E}{E_0}} \right) \tag{B.10}$$

である. $N!$ で割っているのは, 6.3 節や 7.1 節で説明するように, 同種粒子間で入れ替えても同じ状態であるので, その分を数えないようにするためである. また, 超立方体の対角線の長さは $\sqrt{3N}$ である. $V_d(r)$ は次式で表されることが知られている.

B.2 3次元空間の N 個の自由粒子

$$V_d(r) = \frac{\pi^{\frac{d}{2}}}{\Gamma(\frac{d}{2}+1)} r^{3N} = \begin{cases} \frac{\pi^{\frac{d}{2}}}{(\frac{d}{2})!} r^{3N} & d：偶数 \\ \frac{2(2\pi)^{\frac{d-1}{2}}}{d!!} r^{3N} & d：奇数 \end{cases} \tag{B.11}$$

ここで，Γ は**ガンマ関数**であり，階乗の概念を複素数全体に拡張した特殊関数である．定義やいくつかの性質は数学ワンポイントで説明する．また，$d!!$ は**2重階乗**であり，自然数 n に対して，

$$(2n)!! = (2n) \cdot (2n-2) \cdots 4 \cdot 2 = 2^n n! \tag{B.12}$$

$$(2n-1)!! = (2n-1) \cdot (2n-3) \cdots 3 \cdot 1 \tag{B.13}$$

で定義される．

N はアボガドロ数程度の非常に大きな数であり，偶数と奇数が異なるだけで，球の体積が大きく異なることは考えにくい．ここからは，$3N$ が偶数と仮定して計算を進めるが，奇数の場合も同様になると考えられる．式 (B.11) の d が偶数の式を用いて，式 (B.5) の E_0 の表式も用いると，式 (B.10) の上限値は，

$$\begin{aligned} \frac{1}{N!} \frac{1}{2^{3N}} \frac{\pi^{\frac{3N}{2}}}{(\frac{3N}{2})!} \left(\frac{E}{E_0}\right)^{\frac{3N}{2}} &= \frac{1}{N!} \frac{1}{2^{3N}} \frac{\pi^{\frac{3N}{2}}}{(\frac{3N}{2})!} \left(\frac{E}{V}\right)^{\frac{3N}{2}} \left(\frac{V}{E_0}\right)^{\frac{3N}{2}} \\ &= \frac{1}{N!} \frac{\pi^{\frac{3N}{2}}}{(\frac{3N}{2})!} \left(\frac{mL^2}{2\pi^2\hbar^2}\right)^{\frac{3N}{2}} \left(\frac{E}{V}\right)^{\frac{3N}{2}} V^{\frac{3N}{2}} \\ &= \frac{1}{N!} \frac{1}{(\frac{3N}{2})!} \alpha'^N \left(\frac{E}{V}\right)^{\frac{3N}{2}} V^{\frac{5N}{2}} \end{aligned} \tag{B.14}$$

となる．式を簡単に記載するために最後に $\alpha' = \frac{m^{\frac{3}{2}}}{(2\pi)^{\frac{3}{2}}\hbar^3}$ という置き換えをした．さらに，スターリングの公式 (4.47) $N! \cong N^N e^{-N} = \left(\frac{N}{e}\right)^N$ を用いると，

$$\begin{aligned} \Omega(E) &\lesssim \left(\frac{e}{N}\right)^N \left(\frac{e}{\frac{3N}{2}}\right)^{\frac{3N}{2}} \alpha'^N \left(\frac{E}{V}\right)^{\frac{3N}{2}} V^{\frac{5N}{2}} \\ &= \frac{e^{\frac{5N}{2}}}{(\frac{3}{2})^{\frac{3N}{2}} N^{\frac{5N}{2}}} \alpha'^N \left(\frac{E}{V}\right)^{\frac{3N}{2}} V^{\frac{5N}{2}} \\ &= \alpha^N \left(\frac{E}{V}\right)^{\frac{3N}{2}} \left(\frac{V}{N}\right)^{\frac{5N}{2}} \\ &= \left(\alpha \varepsilon^{\frac{3}{2}} \rho^{-\frac{5}{2}}\right)^N \end{aligned} \tag{B.15}$$

162 付録 B　立方体中の N 個の自由粒子の系における状態数

となる．ここで，$\alpha = (\frac{2}{3})^{\frac{3}{2}} e^{\frac{5}{2}} \alpha'$，$\varepsilon = \frac{E}{V}$，$\rho = \frac{N}{V}$ である．式 (B.10) の下限値については，$\sqrt{\frac{E}{E_0}}$ の部分を，

$$\sqrt{\frac{E}{E_0}} - \sqrt{3N} = \sqrt{\frac{V}{E_0}} \left(\sqrt{\frac{E}{V}} - \sqrt{\frac{3E_0 N}{V}} \right)$$

$$= \sqrt{\frac{V}{E_0}} \left(\sqrt{\varepsilon} - \sqrt{3\rho E_0} \right) \tag{B.16}$$

で置き換えることにより求めることができるので，

$$\Omega(E) \gtrsim \left\{ \alpha \left(\sqrt{\varepsilon} - \sqrt{3\rho E_0} \right)^3 \rho^{-\frac{5}{2}} \right\}^N \tag{B.17}$$

である．

　マクロな系として，ε や ρ を一定にして体系を大きくする，すなわち，容器の体積 V や粒子数 N を大きくした状態を考えるので，$E_0 \propto L^{-2}$ から $\sqrt{\varepsilon} \gg \sqrt{3\rho E_0}$ であるが，N 乗するので，体系を大きくすると上限と下限の差は大きくなる．一方，対数をとると，

$$N \log \left\{ \alpha \left(\sqrt{\varepsilon} - \sqrt{3\rho E_0} \right)^3 \rho^{-\frac{5}{2}} \right\} \lesssim \log \Omega(E) \lesssim N \log \left(\alpha \varepsilon^{\frac{3}{2}} \rho^{-\frac{5}{2}} \right) \tag{B.18}$$

$$\rho \log \left\{ \alpha \left(\sqrt{\varepsilon} - \sqrt{3\rho E_0} \right)^3 \rho^{-\frac{5}{2}} \right\} \lesssim \frac{1}{V} \log \Omega(E) \lesssim \rho \log \left(\alpha \varepsilon^{\frac{3}{2}} \rho^{-\frac{5}{2}} \right) \tag{B.19}$$

となる．この場合は，N 乗していないので，上限と下限は体系が大きくなるほど近い値となり，$\frac{1}{V} \log \Omega(E)$ を上限で表すことができる．$\sigma(\varepsilon, \rho) = \rho \log(\alpha \varepsilon^{\frac{3}{2}} \rho^{-\frac{5}{2}})$ とおけば，σ は ε や ρ が一定であれば体系を大きくした極限でも発散せずに収束値をもつことになる．ゆえに，

$$\frac{1}{V} \log \Omega(E) \approx \sigma(\varepsilon, \rho) \tag{B.20}$$

$$\Omega(E) \sim \exp \left[V \sigma(\varepsilon, \rho) \right] \tag{B.21}$$

と表すことができる．

B.2　3次元空間の N 個の自由粒子　　　**163**

数学ワンポイント　　**ガンマ関数**

　ガンマ関数は実部が正となる複素数 x に対して次の積分で定義される.

$$\Gamma(x) = \int_0^\infty e^{-t} t^{x-1} dt \tag{B.22}$$

この定義式より, 次の結果が得られる.

$$\Gamma(1) = \int_0^\infty e^{-t} dt = 1 \tag{B.23}$$

$$\Gamma\left(\frac{1}{2}\right) = \int_0^\infty e^{-t} t^{-\frac{1}{2}} dt = \int_0^\infty 2e^{-s^2} ds = \sqrt{\pi} \tag{B.24}$$

$$\Gamma(x+1) = \int_0^\infty e^{-t} t^x dt = \left[-e^{-t} t^x\right]_0^\infty + \int_0^\infty e^{-t} x t^{x-1} dt = x\Gamma(x) \tag{B.25}$$

式 (B.24) では $t = s^2$ の変数変換を用いた. これらの結果より,

$$\Gamma(n+1) = n\Gamma(n) = n(n-1)\Gamma(n-1) = n!\Gamma(1) = n! \tag{B.26}$$

$$\Gamma\left(n+\frac{1}{2}\right) = \left(n-\frac{1}{2}\right)\Gamma\left(n-\frac{1}{2}\right) = \left(n-\frac{1}{2}\right)\left(n-\frac{3}{2}\right)\cdots\frac{1}{2}\Gamma\left(\frac{1}{2}\right)$$

$$= \frac{(2n-1)!!}{2^n}\sqrt{\pi} \tag{B.27}$$

となり, 階乗の概念を拡張した関数であることがわかる.

　次に, ガンマ関数を計算して式 (B.11) の右辺の表式を導こう. d が偶数の場合, 整数 m を用いて $d = 2m$ と表すと,

$$\Gamma\left(\frac{d}{2}+1\right) = \Gamma(m+1) = m! = \left(\frac{d}{2}\right)! \tag{B.28}$$

である. 一方, d が奇数の場合, 整数 m を用いて $d = 2m-1$ と表すと,

$$\Gamma\left(\frac{d}{2}+1\right) = \Gamma\left(m+\frac{1}{2}\right) = \frac{(2m-1)!!}{2^m}\sqrt{\pi} = \frac{d!!}{2^{\frac{d+1}{2}}}\pi^{\frac{1}{2}} \tag{B.29}$$

となる. これにより, 式 (B.11) の右辺が導かれる.

付録 C

エントロピーと
情報・確率分布

熱力学では不可逆性の指標となる状態量としてエントロピーを導入し，断熱過程であれば不可逆変化において必ずエントロピーが増大することを学んだ．一方，統計力学ではボルツマンの原理で小正準集団の微視的状態数 $W(U, \Delta U)$ がエントロピーと関係していた．6.1 節では，ボルツマンの原理がマクスウェル分布で成り立つことを示したが，この付録では確率論と関係づけて，エントロピーの統計力学的表式をより詳しく考察する．そのために，まず統計力学と同じ表式である情報理論におけるエントロピーを紹介し，統計力学との類似性を考察することにより，統計力学におけるエントロピーを考えてみよう．

C.1 シャノンのエントロピー

情報理論における情報量は起こりにくさ（確率）を数値にしたものであり，情報の価値を表したものではないことを注意しておく．ある事象 a_i が起きる確率が p_i であれば，**自己情報量** $I(a_i)$ は

$$I(a_i) = \log \frac{1}{p_i} = -\log p_i \tag{C.1}$$

である．めったに起きない事象の方が，つまり p_i が小さい方が，情報量 $I(a_i)$ は大きくなるという考え方である．確率は $0 \leq p_i \leq 1$ であるので，情報量は $I(a_i) \geq 0$ となる．対数の底は情報理論では 2 をとることが多いが，対数の性質

$$\log_x y = \frac{\log_e y}{\log_e x} \tag{C.2}$$

より，底のとり方を変えても情報量は定数倍になるだけである．

C.1 シャノンのエントロピー

自己情報量を直観的に理解するために，2進数で具体的に計算してみよう．2進数1桁の数字は0と1のみであり，同じ確率 ($\frac{1}{2}$) を割り振ると，$I(0) = I(1) = \log_2 2 = 1$ である．ここで，底は2を用いた．2進数2桁の数字は $00, 01, 10, 11$ の4つであり，同じ確率 ($\frac{1}{4}$) を割り振ると，$I(00) = \cdots = \log_2 4 = 2$ である．同様に3桁の場合は8個の数字を表すことができ，情報量は3となる[1]．つまり，2^3 個の数字を表すために必要な桁数は3ということになる．

独立な事象 a_i と a_j が同時に起こる事象 $a_{i,j}$ の確率 $p_{i,j}$ は $p_{i,j} = p_i \cdot p_j$ であるので，$a_{i,j}$ に対する情報量 $I(a_{i,j})$ は

$$I(a_{i,j}) = -\log p_{i,j} = -\log (p_i \cdot p_j) = -(\log p_i + \log p_j) = I(a_i) + I(a_j)$$

(C.3)

となり，情報量は加法性を示す[2]．

自己情報量は1つの事象に対する[3]情報量であった．次に情報源から得られる情報の期待値を考えよう．事象 a_i は全部で n 個あり，各事象に対する確率の組で決まる確率分布 $(p_1, p_2, \ldots, p_n)$ に対する起こりにくさを，**平均情報量**として，

$$H(p_1, p_2, \ldots, p_n) = \sum_{i=1}^{n} p_i \log p_i$$

(C.4)

と定義する．ここで，$\lim_{x \to 0+} x \cdot \log x = 0$ であることから，$0 \cdot \log 0 = 0$ と約束する．この量はシャノン[4]により導入され，**シャノンのエントロピー**ともよばれている．

---

[1] 底として2を用いた情報量の単位として一般的に bit が使われている．したがって，2進数3桁の数字の情報量は3bit である．

[2] 情報量は単調に連続的に変化し，加法性を示すことが直観的に要請される．正しくは，これらの性質を満たす関数として対数を用いているというべきであろう．なお，熱力学や統計力学では系全体の物理量が部分系の和に等しいことを相加性という．

[3] 情報理論ではすべての事象の集まり（全事象）の部分集合に対して自己情報量を定義するが，ここでは説明を簡略化するために，「1つの事象に対する」自己情報量と記載した．

[4] シャノン（C.E. Shannon, 1916.4.30〜2001.2.24, アメリカ）は「情報理論の父」とよばれ，コンピュータ技術の基礎をつくった．「通信の数学的理論」というタイトルで1948年に論文を，翌年に書籍を発行し，情報を定量的に取り扱い，エントロピーを導入した．

例題 C.1

裏表が $\frac{1}{2}$ の確率で起きるコイントス，および，$\frac{1}{6}$ の確率で出る目が決まるサイコロで平均情報量を求めよ．

【解答】 コイントスの場合は $n = 2$, $p_1 = p_2 = \frac{1}{2}$ であるので，

$$H\left(\frac{1}{2}, \frac{1}{2}\right) = -\frac{1}{2}\log\frac{1}{2} - \frac{1}{2}\log\frac{1}{2} = \log 2 \tag{C.5}$$

である．一方，サイコロの場合は $n = 6$, $p_1 = p_2 = \cdots = p_6 = \frac{1}{6}$ であるので，

$$H\left(\frac{1}{6}, \frac{1}{6}, \ldots, \frac{1}{6}\right) = -\frac{1}{6}\sum_{i=1}^{6}\log\frac{1}{6} = \log 6 \tag{C.6}$$

コイントスで表が出る確率より，サイコロで 1 の目が出る確率が少なく，情報量としては，サイコロの方が大きいことになる． □

C.2 ギブズのエントロピー

熱力学においてエントロピー増大の法則により，エントロピーは断熱過程が実現可能かどうかを示す重要な状態量であることを説明した．ニュートンの運動方程式やシュレーディンガー方程式では不可逆変化を説明できないので，統計力学で不可逆変化を説明するためにはエントロピーの表式が最も重要になる．

まず，次の仮定を導入する．孤立系を考え，各微視的状態（各状態を i で指標づけする）が確率 p_i で出現する．エントロピーは確率 p_i のみの関数と仮定し，各状態に未知関数 $f(p_i)$ が定義でき，その期待値でエントロピーが求められるとする．

$$S = \sum_i p_i f(p_i) \tag{C.7}$$

エントロピーは示量変数であるので，相加性（加法性）が成り立つ．すなわち，エントロピーが $S^{(1)}$ と $S^{(2)}$ である 2 つの系 (1) と (2) の合成系 $(1+2)$ のエントロピー $S^{(1+2)}$ は，

$$S^{(1+2)} = S^{(1)} + S^{(2)} \tag{C.8}$$

である. 系 (1) と (2) は独立であるとする. すなわち, 系 (1) が i 状態である確率を $p_i^{(1)}$, 系 (2) が j 状態である確率を $p_j^{(2)}$ とすると, 合成系 $(1+2)$ の (1) が i 状態, (2) が j 状態である確率 $p_{i,j}^{(1+2)}$ は

$$p_{i,j}^{(1+2)} = p_i^{(1)} p_j^{(2)} \tag{C.9}$$

である. 式 (C.8) より,

$$
\begin{aligned}
0 &= S^{(1+2)} - S^{(1)} - S^{(2)} \\
&= \sum_{i,j} p_{i,j}^{(1+2)} f(p_{i,j}^{(1+2)}) - \sum_i p_i^{(1)} f(p_i^{(1)}) - \sum_j p_j^{(2)} f(p_j^{(2)})
\end{aligned} \tag{C.10}
$$

である. 全事象の確率の和は 1 となるので, $\sum_i p_i^{(1)} = \sum_j p_j^{(2)} = 1$ である. したがって, 式 (C.10) の右辺第 2 項に $\sum_j p_j^{(2)}$ を, 右辺第 3 項に $\sum_i p_i^{(1)}$ を掛けても等号は成り立つ. したがって, 式 (C.9) も用いることにより,

$$
\begin{aligned}
0 &= \sum_{i,j} p_{i,j}^{(1+2)} f(p_i^{(1)} p_j^{(2)}) - \sum_i p_i^{(1)} f(p_i^{(1)}) \sum_j p_j^{(2)} - \sum_j p_j^{(2)} f(p_j^{(2)}) \sum_i p_i^{(1)} \\
&= \sum_{i,j} p_{i,j}^{(1+2)} f(p_i^{(1)} p_j^{(2)}) - \sum_{i,j} p_i^{(1)} p_j^{(2)} f(p_i^{(1)}) - \sum_{i,j} p_i^{(1)} p_j^{(2)} f(p_j^{(2)}) \\
&= \sum_{i,j} p_{i,j}^{(1+2)} \left\{ f(p_i^{(1)} p_j^{(2)}) - f(p_i^{(1)}) - f(p_j^{(2)}) \right\}
\end{aligned} \tag{C.11}
$$

である. 任意の確率に対して成り立つためには,

$$f(p_i^{(1)} p_j^{(2)}) = f(p_i^{(1)}) + f(p_j^{(2)}) \tag{C.12}$$

である必要がある. 両辺を $p_i^{(1)}$ で微分して, $p_i^{(1)}$ に 1 を代入すると,

$$p_j^{(2)} f'(p_i^{(1)} p_j^{(2)}) = f'(p_i^{(1)}) \tag{C.13}$$

$$p_j^{(2)} f'(p_j^{(2)}) = f'(1) \tag{C.14}$$

となる. 定数 $f'(1)$ を $-k$ を使って表し, 微分方程式 (C.14) を解くと,

$$f(p) = -k \log p + C \tag{C.15}$$

となる. ここで, C は積分定数である. したがって, エントロピーは,

$$S = \sum_i p_i(-k \log p_i + C) = -k \sum_i p_i \log p_i + C \tag{C.16}$$

である．$0 \le p_i \le 1$ であることより，$-k \sum_i p_i \log p_i \ge 0$ である．1つの状態のみが確率1であり，ほかの状態が0の確率分布のときに $-k \sum_i p_i \log p_i = 0$ となり，絶対零度での状態に対応すると考えると，熱力学第3法則より $C = 0$ とおくべきである．したがって，

$$S = -k \sum_i p_i \log p_i \tag{C.17}$$

となる．これは，**ギブズのエントロピー**とよばれる．対数の底を 2, $k = 1$ とするとシャノンのエントロピーと同じものになる．どちらも，確率が小さい多くの事象や状態による確率分布の方が，情報量やエントロピーが大きいことを示している．

C.3 熱平衡状態におけるエントロピー

ギブズのエントロピーにより，確率分布からエントロピーを求めることができるようになった．エントロピー増大の法則より孤立系で自発的な変化はエントロピーが増える変化であり，定常状態となった熱平衡状態ではエントロピーが最大の状態である．したがって，すべての状態の確率の和が1である条件を満たした上で，エントロピーが最大となる確率分布を求めることにより，熱平衡状態の確率分布，すなわち，エントロピーの表式を求めることができる．ある条件のもとでの極値を求めるので，4.6節の変分法とラグランジュの未定乗数法を用いる．

各状態の確率 $p_1, p_2, \ldots$ が変数であり，すべての状態の確率の和は1である

$$\sum_i p_i = 1 \tag{C.18}$$

を満たす必要がある．ラグランジュ定数を λ として 4.6 節と同様の議論を行うことにより，$S(p_1, p_2, \ldots)$ が極値をもつ条件は，

$$\frac{\partial S(p_1, p_2, \ldots)}{\partial p_j} = -\lambda \quad (j = 1, 2, \ldots) \tag{C.19}$$

である，ここで

C.3 熱平衡状態におけるエントロピー

$$\frac{\partial S(p_1, p_2, \ldots)}{\partial p_j} = \frac{\partial \left(-k \sum_i p_i \log p_i \right)}{\partial p_j} = -k \log p_j - k \tag{C.20}$$

であるので

$$\log p_j = \frac{\lambda}{k} - 1 \tag{C.21}$$

$$p_j = \exp\left(\frac{\lambda}{k} - 1 \right) \tag{C.22}$$

となる．すなわち，孤立系の熱平衡状態における確率は状態によらず一定値である．これは，5.4.1 項で仮定した小正準集団における等確率の原理と一致する．微視的状態の総数を $W(U, \Delta U)$，一定値の確率を p で表せば，

$$\sum_{i=1}^{W(U, \Delta U)} p = W(U, \Delta U)p = 1 \tag{C.23}$$

となる．つまり，$p = \frac{1}{W(U, \Delta U)}$ である．ゆえに，

$$\begin{aligned} S &= -k \sum_{i=1}^{W(U, \Delta U)} \frac{1}{W(U, \Delta U)} \log \frac{1}{W(U, \Delta U)} \\ &= -k \left\{ -\log W(U, \Delta U) \right\} = k \log W(U, \Delta U) \end{aligned} \tag{C.24}$$

となり，ボルツマンの原理が導かれた．

演習問題解答例

● 第 1 章

演習 1.1 充填時と 1 気圧での圧力と体積をそれぞれ，p_0, V_0 と p_1, V_1 とすると，ボイルの法則から

$$V_1 = V_0 \frac{p_0}{p_1} \tag{E.1}$$

である．圧力はそれぞれ，$p_0 = 14.7 \times 10^6\,\mathrm{Pa}$ と $p_1 = 1013 \times 10^2\,\mathrm{Pa}$ であるので，

$$\frac{p_0}{p_1} = 1.45 \times 10^2 \tag{E.2}$$

となる．ゆえに，3.4 L 容器は 493 L（約 500 L），10 L 容器は 1.45×10^3 L（約 1500 L），また，47 L 容器は 6.82×10^3 L（約 7000 L）である．

同じ体積であれば，ボイル – シャルルの法則より絶対温度と圧力は比例するので，求める温度 T は

$$T = (273 + 25) \times \frac{250 \times 9.8 \times 10^4}{14.7 \times 10^6} = 497\,\mathrm{K} \tag{E.3}$$

ゆえに，224℃ である．

演習 1.2 微分係数 $\frac{\partial p}{\partial V}$ と 2 階微分 $\frac{\partial^2 p}{\partial V^2}$ が 0 になる点を求める．

$$\left(\frac{\partial p}{\partial V} \right)_T = -\frac{RT}{(V-b)^2} + 2\frac{a}{V^3} = 0 \tag{E.4}$$

$$\left(\frac{\partial^2 p}{\partial V^2} \right)_T = 2\frac{RT}{(V-b)^3} - 6\frac{a}{V^4} = 0 \tag{E.5}$$

両式を満たす温度や体積が臨界点の臨界温度 T_c，体積 V_c である．式 (E.4) から

$$RT_c = \frac{2a}{V_c^3}\,(V_c - b)^2 \tag{E.6}$$

となる．この式を式 (E.5) に代入すると，

$$V_c = 3b \tag{E.7}$$

を得る．これを，式 (E.4) や式 (1.15) に代入して，

演習問題解答例　　　　　　**171**

$$T_c = \frac{8a}{27bR}, \quad p_c = \frac{a}{27b^2} \tag{E.8}$$

を得る.

次に, $p = p \cdot \frac{p_c}{p_c}$, $V = V \cdot \frac{V_c}{V_c}$, $T = T \cdot \frac{T_c}{T_c}$ を代入して変形する.

$$\left\{ p \cdot \frac{p_c}{p_c} + \frac{a}{\left(V \cdot \frac{V_c}{V_c} \right)^2} \right\} \left(V \cdot \frac{V_c}{V_c} - b \right) = RT \cdot \frac{T_c}{T_c} \tag{E.9}$$

$$p_c \left\{ \frac{p}{p_c} + \frac{a}{\left(\frac{V}{V_c} \right)^2 p_c V_c^2} \right\} V_c \left(\frac{V}{V_c} - \frac{b}{V_c} \right) = RT_c \frac{T}{T_c} \tag{E.10}$$

$V_c = 3b$, $RT_c = \frac{8a}{27b}$, $p_c = \frac{a}{27b^2}$ を代入することにより,

$$\frac{b}{V_c} = \frac{1}{3}, \quad p_c V_c^2 = \frac{a}{3}, \quad \frac{RT_c}{p_c V_c} = \frac{8}{3} \tag{E.11}$$

となる. これらの数値を代入すると,

$$\left\{ \frac{p}{p_c} + \frac{3}{\left(\frac{V}{V_c} \right)^2} \right\} \left(\frac{V}{V_c} - \frac{1}{3} \right) = \frac{8}{3} \frac{T}{T_c} \tag{E.12}$$

演習 1.3

ガリレオの測温器, 水銀温度計・アルコール温度計：空気や水銀・アルコールは温度によって熱膨張する. 膨張した量を測定することにより温度を予測することができる. 通常使われる水銀温度計やアルコール温度計は棒状温度計ともよばれる. 下部に液体を溜める管球があり, その上部は毛細管となっている.

サーミスタ：温度によって電気抵抗が異なる特性を活かし, 電気抵抗から温度を予測する温度計である. 特に, サーミスタは温度変化に対し抵抗変化が大きな材料による温度計であり, 様々な種類が開発されている.

熱電対：熱起電力が異なる 2 種類の金属線を接続し, 2 か所の接点の温度差に関係した電圧が発生する特性を利用し, 電圧から温度差を測定する温度計である. 温度差が測定される量であるので, 温度を知るためには基準となる温度が必要である.

放射温度計（耳式体温計）：物質の温度によって, 物質から放射される電磁波のスペクトル（波長に対する強度）が異なることを利用した温度計である. 接触させずに測定することができるので, 幅広く利用されているが, 温度を測定する物質にも依存する.

演習 1.4　$\frac{pV}{RT}$ を $\frac{1}{V}$ でテイラー展開することでビリアル展開の形式を導くこととする. $\frac{1}{V}$ を ρ として, $\frac{pV}{RT} = \frac{p}{RT\rho}$ を $f(\rho)$ と表してテイラー展開

172　　　　　　　　　　　　演習問題解答例

$$f(\rho) = \sum_{i=0}^{\infty} \frac{1}{i!} \frac{\partial^i f(\rho_0)}{\partial \rho^i} (\rho - \rho_0)^i \tag{E.13}$$

で表現する．なお，体積が十分大きい状態，つまり，$\rho_0 = 0$ で展開する．

ファン・デル・ワールスの状態方程式は

$$f(\rho) = \frac{1}{1 - b\rho} - \frac{a\rho}{RT} \tag{E.14}$$

であるので，

$$\frac{\partial f(\rho)}{\partial \rho} = \frac{b}{(1 - b\rho)^2} - \frac{a}{RT}, \quad \frac{\partial^2 f(\rho)}{\partial \rho^2} = \frac{2b^2}{(1 - b\rho)^3} \tag{E.15}$$

となる．したがって，

$$\frac{pV}{RT} = f(\rho) = 1 + \left(b - \frac{a}{RT}\right)\rho + b^2 \rho^2 + \cdots \tag{E.16}$$

である．ゆえに，

$$A_2 = b - \frac{a}{RT}, \quad A_3 = b^2 \tag{E.17}$$

である．

演習 1.5

$$Q = \kappa S \frac{T_2 - T_1}{L} t \tag{E.18}$$

において，$\kappa = 0.025\,\mathrm{W/(m \cdot K)}$，$S = 0.05 \times 0.01 = 5 \times 10^{-4}\,\mathrm{m}^3$，$T_2 - T_1 = 5\,\mathrm{K}$，$L = 1 \times 10^{-3}\,\mathrm{m}$，$t = 1\,\mathrm{sec}$ を代入すると，

$$Q = 0.025 \times 5 \times 10^{-4} \times \frac{5}{1 \times 10^{-3}} \times 1 = 0.0625\,\mathrm{J} \tag{E.19}$$

である．銅 $10\,\mathrm{g}$ の熱容量は $380 \times 10 \times 10^{-3} = 3.8\,\mathrm{J/K}$ なので，

$$\frac{3.8}{0.0625} = 60.8\,\mathrm{sec} \sim 1\,\mathrm{min} \tag{E.20}$$

である．

●第 2 章

演習 2.1　状態方程式から，

$$p(V) = nRT \left(\frac{1}{V} + \frac{B}{V^2}\right) \tag{E.21}$$

であるので，V_1 から $2V_1$ までの一定物質量・一定温度での膨張における仕事 W は，

演習問題解答例　　　　**173**

$$W = \int_{V_1}^{2V_1} p(V)dV = nRT \int_{V_1}^{2V_1} \left(\frac{1}{V} + \frac{B}{V^2} \right) dV$$
$$= nRT \left(\log 2 + \frac{B}{2V_1} \right) \tag{E.22}$$

となる.

演習 2.2　この解答例では MKSA 単位系の **E-H** 対応で説明する. 他の単位系における結果は最後にコメントする. マクスウェル方程式とオームの法則から,

$$\mathrm{rot}\boldsymbol{H} = \boldsymbol{j} + \frac{\partial \boldsymbol{D}}{\partial t}, \quad \mathrm{rot}\boldsymbol{E} = -\frac{\partial \boldsymbol{B}}{\partial t}, \quad \boldsymbol{E} + \boldsymbol{E}_V = \rho\boldsymbol{j} \tag{E.23}$$

が成り立つ. ここで, **H** は磁場, **j** は電流密度, **D** は電束密度, **E** は電場, **B** は磁束密度, $\boldsymbol{E}_V$ は電源による起電力（電場と同じ次元）である. MKSA 単位系の **E-H** 対応では, $\boldsymbol{B} = \mu_0\boldsymbol{H} + \boldsymbol{M}$ である. また, 一般的な現象では, 変位電流 $\frac{\partial \boldsymbol{D}}{\partial t}$ は無視できるぐらいの速さで磁化は変化するので, 変位電流は考えないものとする. これらの式を用いて次式を得る.

$$\int (\boldsymbol{E} \cdot \mathrm{rot}\boldsymbol{H} - \boldsymbol{H} \cdot \mathrm{rot}\boldsymbol{E}) \, dV = \int \boldsymbol{E} \cdot \boldsymbol{j} dV + \int \boldsymbol{H} \cdot \frac{\partial \boldsymbol{B}}{\partial t} dV \tag{E.24}$$

$$-\int \mathrm{div}\,(\boldsymbol{E} \times \boldsymbol{H}) \, dV = \int \boldsymbol{E} \cdot \boldsymbol{j} dV + \int \boldsymbol{H} \cdot \frac{\partial \boldsymbol{B}}{\partial t} dV \tag{E.25}$$

積分は全空間で体積積分を行うものとする. ベクトル恒等式を用いて左辺を変形した. $\boldsymbol{E} \times \boldsymbol{H}$ はポインティングベクトルとよばれ, エネルギーの流れを表す物理量である. ガウスの定理を用いると左辺の積分は積分領域から流れ出るエネルギーの表面積分に相当するが, 全空間を考えておりそこからのエネルギーの流出は考えられないので, ゼロとおくことができる. したがって,

$$\int \boldsymbol{E} \cdot \boldsymbol{j} dV + \int \boldsymbol{H} \cdot \frac{\partial \boldsymbol{B}}{\partial t} dV = 0 \tag{E.26}$$

$$\int \boldsymbol{E}_V \cdot \boldsymbol{j} dV = \int \rho\boldsymbol{j}^2 dV + \frac{\partial}{\partial t} \int \frac{\mu_0 \boldsymbol{H}^2}{2} dV + \int \boldsymbol{H} \cdot \frac{\partial \boldsymbol{M}}{\partial t} dV \tag{E.27}$$

である. 式 (E.27) 左辺が単位時間あたりに電源がした仕事であり, その内訳が右辺の 3 項である. 右辺第 1 項はジュール熱, 第 2 項は磁場が空間に存在することによるエネルギーである. すなわち, 右辺第 3 項が磁化するために必要な仕事である. 磁化が 0 から **M** まで増えるまでの時間で積分することにより,

$$W = \int dV \int_0^M \boldsymbol{H} \cdot d\boldsymbol{M} \tag{E.28}$$

を得る．CGS-ガウス単位系では，$\boldsymbol{B} = \boldsymbol{H} + 4\pi\boldsymbol{M}$ であり，同様の計算をすることで同じ結果を得る．一方，MKSA 単位系の $\boldsymbol{E}$-$\boldsymbol{B}$ 対応では，$\boldsymbol{B} = \mu_0\boldsymbol{H} + \mu_0\boldsymbol{M}$ であるので，仕事を表す式は μ_0 を掛ける必要がある．

演習 2.3 外から加えられた力がする仕事は，細孔栓の左側では，

$$\int_{V_1}^{0} (-p_1)\, dV = p_1 V_1 \tag{E.29}$$

右側では，

$$\int_{0}^{V_2} (-p_2)\, dV = -p_2 V_2 \tag{E.30}$$

となる．断熱変化における熱力学第 1 法則 $\Delta U = W$ より，始状態の内部エネルギーを U_1，終状態の内部エネルギー U_2 とすると，

$$U_2 - U_1 = p_1 V_1 - p_2 V_2, \quad U_1 + p_1 V_1 = U_2 + p_2 V_2 \tag{E.31}$$

となる．エンタルピーが $H = U + pV$ なので，エンタルピーは保存している．

演習 2.4 断熱自由膨張の過程を添え字 a で，定圧圧縮の過程を添え字 b で，定積加熱の過程を添え字 c で表すこととする．例えば，断熱自由膨張で気体に与えられる熱量を Q_a，定圧圧縮過程で気体に加えられる仕事を W_b で表すこととする．断熱自由膨張では熱の移動も仕事も行われないので，

$$Q_a = 0, \quad W_a = 0 \tag{E.32}$$

である．熱力学第 1 法則より内部エネルギーも変化しない．そのため，理想気体なので温度も変化しない．(p_1, V_1) の状態の温度を T_1 とすると，(p_2, V_2) の状態における温度も T_1 である．(p_2, V_1) の状態の温度を T_2 としておく．定圧モル比熱を C_p とすると，定圧圧縮の過程では，

$$Q_b = C_p (T_2 - T_1), \quad W_b = -p_2 (V_1 - V_2) \tag{E.33}$$

である．定積モル比熱を C_V とすると，定積加熱の過程では，

$$Q_c = C_V (T_1 - T_2), \quad W_c = 0 \tag{E.34}$$

である．1 サイクルでもとの状態に戻るので，内部エネルギーの変化は 0 である．したがって，1 サイクルにおいて気体に加えられる熱量と仕事の和は 0 である．

演習問題解答例　　　**175**

$$Q_a + Q_b + Q_c + W_a + W_b + W_c = 0 \tag{E.35}$$

$$0 + C_p (T_2 - T_1) + C_V (T_1 - T_2) + 0 - p_2 (V_1 - V_2) + 0 = 0 \tag{E.36}$$

$$(C_p - C_V)(T_2 - T_1) + p_2 (V_2 - V_1) = 0 \tag{E.37}$$

状態方程式より，

$$p_2 V_2 = RT_1, \quad p_2 V_1 = RT_2 \tag{E.38}$$

となる．ゆえに，

$$(C_p - C_V)(T_2 - T_1) + R(T_1 - T_2) = 0 \tag{E.39}$$

$$C_p - C_V = R \tag{E.40}$$

となり，マイヤーの法則が成り立つ．

演習 2.5　演習 2.2 より体積変化以外の仕事の微小量は $d'A = H dM$ であるので，熱力学第 1 法則より

$$d'Q = dU + p dV - d'A = dU + p dV - H dM \tag{E.41}$$

磁化による体積変化を無視するので $dV = 0$ であり，U と M を温度と磁場の関数 $U = U(T, H)$，$M = M(T, H)$ と考えると，

$$dU = \left(\frac{\partial U}{\partial T}\right)_H dT + \left(\frac{\partial U}{\partial H}\right)_T dH \tag{E.42}$$

$$dM = \left(\frac{\partial M}{\partial T}\right)_H dT + \left(\frac{\partial M}{\partial H}\right)_T dH \tag{E.43}$$

である．したがって，

$$d'Q = \left\{\left(\frac{\partial U}{\partial T}\right)_H - H\left(\frac{\partial M}{\partial T}\right)_H\right\} dT + \left\{\left(\frac{\partial U}{\partial H}\right)_T - H\left(\frac{\partial M}{\partial H}\right)_T\right\} dH \tag{E.44}$$

である．ゆえに，定磁場（$dH = 0$）の条件において，

$$C_H = \frac{d'Q}{dT} = \left(\frac{\partial U}{\partial T}\right)_H - H\left(\frac{\partial M}{\partial T}\right)_H \tag{E.45}$$

となる．

● 第 3 章

演習 3.1　1 mol であるので，$n = 1$ の状態方程式 $pV = RT$ を用いてエントロピーを変形すると，

176 演習問題解答例

$$S = C_V \ln T + R \ln V + \text{定数} = C_V \ln T + R \ln \frac{RT}{p} + \text{定数}$$

$$= (C_V + R) \ln T - R \ln p + \text{定数} = C_p \ln T - R \ln p + \text{定数} \tag{E.46}$$

となる.

演習 3.2 断熱変化であるので,

$$T_1 V_1^{\gamma-1} = T_2 V_2^{\gamma-1}, \quad \frac{T_1}{T_2} = \left(\frac{V_2}{V_1}\right)^{\gamma-1} = \left(\frac{V_2}{V_1}\right)^{\frac{R}{C_V}} \tag{E.47}$$

となる. ここで, $\gamma - 1 = \frac{C_p}{C_V} - 1 = \frac{C_p - C_V}{C_V} = \frac{R}{C_V}$ を用いた.

演習 3.3 断熱自由膨張として, 断熱材で覆われた容器を考える. 容器を壁で 2 つの部屋に分け, 片方に理想気体を, 他方を真空の状態にしている. この状態での気体の温度と体積の状態を (T, V) とする. 壁を取り除くと, 気体は断熱膨張し体積は V' ($> V$) になった. このとき, 気体は仕事をしないし, 熱の出入りもないので, 内部エネルギーの変化はしない. 理想気体の性質より気体の温度は変化せず, 気体の状態は (T, V') となる.

熱平衡でない状態を含むので断熱自由膨張の過程に対して $\int \frac{d'Q}{T}$ を計算することはできない. しかしながら, 同じ始状態 (T, V) と終状態 (T, V') の間の異なる準静的な過程に沿ってエントロピーを計算することができる. ここでは, 壁を準静的に移動させ, 体積を $V \to V'$ 変化させる過程を考える. この間, 気体は仕事をすることになるので, 断熱状態のままでは温度は減少する. 温度を一定に保つために加熱しながら壁を動かしたとすると, 加えた熱量 Q と気体がした仕事 W は同じになる. 仕事 W はカルノーサイクルの等温膨張と同じ計算となるので, エントロピーの変化量は

$$\Delta S = \frac{Q}{T} = \frac{W}{T} = nR \ln \frac{V'}{V} > 0 \tag{E.48}$$

となる.

なお, 式 (3.53) を用いれば,

$$\Delta S = S(T, V') - S(T, V) = nR \ln V' - nR \ln V = nR \ln \frac{V'}{V} \tag{E.49}$$

となり, 同じ結果を得る.

演習 3.4 マクスウェルの関係式は, **表 3.4** にあげた内部エネルギー U, エンタルピー H, ヘルムホルツの自由エネルギー F, ギブズの自由エネルギー G の 4 つの熱力学関数の 2 階偏微分係数が連続で偏微分の順序が交換できることから導ける.

$$dU = T dS - p dV = \left(\frac{\partial U}{\partial S}\right)_V dS + \left(\frac{\partial U}{\partial V}\right)_S dV \tag{E.50}$$

より $(\frac{\partial U}{\partial S})_V = T$, $(\frac{\partial U}{\partial V})_S = -p$ である. ゆえに, $\frac{\partial}{\partial V}(\frac{\partial U}{\partial S}) = \frac{\partial}{\partial S}(\frac{\partial U}{\partial V})$ から

$$\left(\frac{\partial T}{\partial V}\right)_S = -\left(\frac{\partial p}{\partial S}\right)_V \tag{E.51}$$

を得る. 同様に,

$$dH = dU + pdV + Vdp = TdS + Vdp = \left(\frac{\partial H}{\partial S}\right)_p dS + \left(\frac{\partial H}{\partial p}\right)_S dp \tag{E.52}$$

より, $(\frac{\partial H}{\partial S})_p = T$, $(\frac{\partial H}{\partial p})_S = V$ なので

$$\left(\frac{\partial T}{\partial p}\right)_S = \left(\frac{\partial V}{\partial S}\right)_p \tag{E.53}$$

を得る.

$$dF = dU - TdS - SdT = -SdT - pdV = \left(\frac{\partial F}{\partial T}\right)_V dT + \left(\frac{\partial F}{\partial V}\right)_T dV \tag{E.54}$$

より, $(\frac{\partial F}{\partial T})_V = -S$, $(\frac{\partial F}{\partial V})_T = -p$ なので

$$\left(\frac{\partial S}{\partial V}\right)_T = \left(\frac{\partial p}{\partial T}\right)_V \tag{E.55}$$

を得る.

$$dG = dF + pdV + Vdp = -SdT + Vdp = \left(\frac{\partial G}{\partial T}\right)_p dT + \left(\frac{\partial G}{\partial p}\right)_T dp \tag{E.56}$$

より, $(\frac{\partial G}{\partial T})_p = -S$, $(\frac{\partial G}{\partial p})_T = V$ なので

$$\left(\frac{\partial S}{\partial p}\right)_T = -\left(\frac{\partial V}{\partial T}\right)_p \tag{E.57}$$

を得る.

演習 3.5 ヘルムホルツの自由エネルギー $F = U - TS$ の全微分と熱力学第 1 法則を組み合わせると,

$$dF = dU - TdS - SdT = -pdV - SdT = \left(\frac{\partial F}{\partial V}\right)_T dV + \left(\frac{\partial F}{\partial T}\right)_V dT \tag{E.58}$$

である. したがって, $S = -(\frac{\partial F}{\partial T})_V$ である. ゆえに,

$$U = F + TS = F - T\left(\frac{\partial F}{\partial T}\right)_V = -T^2\left\{\frac{\partial}{\partial T}\left(\frac{F}{T}\right)\right\}_V \tag{E.59}$$

である.

演習 3.6 ギブズの自由エネルギーは示量変数であるので, 自然な変数である T, p, N_j のうち示量変数である N_j と同じ倍率で変化する. すなわち,

$$G(T, p, aN_1, aN_2, \ldots, aN_n) = aG(T, p, N_1, N_2, \ldots, N_n) \tag{E.60}$$

178　　　　　　　　　演習問題解答例

である．この式の両辺を a で微分して，$a = 1$ とおけば，

$$G = \sum_{j=1}^{n} N_j \left(\frac{\partial G}{\partial N_j} \right)_{T,p,N_k \neq N_j} = \sum_{j=1}^{n} N_j \mu_j \tag{E.61}$$

である．両辺の全微分は

$$dG = \sum_{j=1}^{n} dN_j \mu_j + \sum_{j=1}^{n} N_j d\mu_j \tag{E.62}$$

である．一方，**表 3.4** の全微分式に $\sum_{j=1}^{n} \mu_j dN_j$ を加えた $dG = -SdT + Vdp + \sum_{j=1}^{n} \mu_j dN_j$ と比較することにより，ギブズ–デュエムの関係

$$SdT - Vdp + \sum_{j=1}^{n} N_j d\mu_j = 0 \tag{E.63}$$

を得ることができる．

● 第 4 章

演習 4.1　2 種類の分子が独立に容器の壁に衝突して圧力をおよぼすので，式 (4.2) を用いて単位時間あたり x 軸に垂直な壁に与える力 F_x は，

$$F_x = \sum_{i=1}^{N_1} \frac{m_1 v_{1i,x}^2}{L_x} + \sum_{j=1}^{N_2} \frac{m_2 v_{2j,x}^2}{L_x} \tag{E.64}$$

となる．したがって圧力は，

$$p = \frac{F_x}{L_y L_z} = \frac{1}{L_x L_y L_z} \left(\sum_{i=1}^{N_1} m_1 v_{1i,x}^2 + \sum_{j=1}^{N_2} m_2 v_{2j,x}^2 \right) \tag{E.65}$$

で与えられる．$V = L_x L_y L_z$ および運動の等方性より $\sum v_{1i,x}^2 = \frac{1}{3} \sum v_{1i}^2$ 等を用いて，

$$pV = \frac{1}{3} \sum_{i=1}^{N_1} m_1 v_{1i}^2 + \frac{1}{3} \sum_{j=1}^{N_2} m_2 v_{2j}^2 \tag{E.66}$$

が成り立つ．

演習 4.2　例題 4.3 より物体の全質量 ρV は音波が伝わるときも変化しないので一定である．これを ρ で微分すると

演習問題解答例 **179**

$$\frac{d(\rho V)}{d\rho} = 0, \quad V + \rho\frac{dV}{d\rho} = 0, \quad \frac{dV}{d\rho} = -\frac{V}{\rho} \tag{E.67}$$

$$\frac{dp}{d\rho} = \frac{dp}{dV}\frac{dV}{d\rho} = -\frac{V}{\rho}\frac{dp}{dV} \tag{E.68}$$

となる．断熱変化では $pV^\gamma = $ 一定 であったので，

$$\frac{dp}{dV} = -\gamma\frac{p}{V} \tag{E.69}$$

であった．ゆえに式 (4.24) より

$$v = \sqrt{\gamma\frac{p}{\rho}} \tag{E.70}$$

である．

演習 4.3 確率 $w(N_1, N_2, \ldots, N_n)$ を用いて N_1 の平均値 $\overline{N_1}$ を求める式は，

$$\begin{aligned}
\overline{N_1} &= \sum_{\{N_j\}} N_1 w(N_1, N_2, \ldots, N_n) \\
&= \sum_{\{N_j\}} \frac{N!}{(N_1-1)!N_2!\cdots N_n!}\left(\frac{V_1}{V}\right)^{N_1}\left(\frac{V_2}{V}\right)^{N_2}\cdots\left(\frac{V_n}{V}\right)^{N_n}
\end{aligned} \tag{E.71}$$

である．$N' = N-1$ を新たな分子数と考え，$N_1 - 1 = N_1'$ とおくと

$$\frac{N!}{(N_1-1)!N_2!\cdots N_n!} = N\frac{N'!}{N_1'!N_2!\cdots N_n!} = N\,\mathrm{C}(N_1', N_2, \ldots, N_n) \tag{E.72}$$

とすることができる．したがって，

$$\begin{aligned}
\overline{N_1} &= \frac{V_1}{V}N\sum_{N_1'\{N_j\}}\frac{N'!}{N_1'!N_2!\cdots N_n!}\left(\frac{V_1}{V}\right)^{N_1'}\left(\frac{V_2}{V}\right)^{N_2}\cdots\left(\frac{V_n}{V}\right)^{N_n} \\
&= \frac{V_1}{V}N\sum_{N_1'\{N_j\}}w(N_1', N_2, \ldots N_n) = \frac{V_1}{V}N
\end{aligned} \tag{E.73}$$

である．ここで，$\sum_{N_1'\{N_j\}}$ は $N_1' + N_2 + \cdots + N_n = N'$ の条件で，$(N_1', N_2, \ldots, N_n)$ のすべての組合せで和をとることを表している．

演習 4.4 式 (4.51) より，

$$\log W(N_1, N_2, \ldots, N_n) = N\log N + \sum_{j=1}^{n} N_j\log\frac{V_j}{N_j} \tag{E.74}$$

であるので，

$$\frac{\partial \log W(N_1, N_2, \ldots, N_n)}{\partial N_j} = \log \frac{V_j}{N_j} - 1 = -\lambda \tag{E.75}$$

となる．この式を変形して

$$\log \frac{V_j}{N_j} = 1 - \lambda, \quad N_j = V_j e^{\lambda - 1} \tag{E.76}$$

である．全分子数が N であることを用いると，

$$N = \sum_{j=1}^{n} N_j = \sum_{j=1}^{n} V_j e^{\lambda - 1} = \left(\sum_{j=1}^{n} V_j \right) e^{\lambda - 1} = V e^{\lambda - 1} \tag{E.77}$$

となる．つまり，$e^{\lambda - 1} = \frac{N}{V}$ であるので，最も確からしい分布は

$$N_j = \frac{V_j}{V} N \tag{E.78}$$

である．

演習 4.5 $n = 2$, $V_1 = V_2$ の場合，式 (4.52) は

$$w(N_1, N_2) \cong \left(\frac{N}{2N_1} \right)^{N_1} \left(\frac{N}{2(N - N_1)} \right)^{N - N_1} \tag{E.79}$$

となる．対数をとると，

$$
\begin{aligned}
\log w(N_1, N_2) &\cong N_1 (\log N - \log 2 - \log N_1) \\
&\quad + (N - N_1)\{\log N - \log 2 - \log(N - N_1)\} \\
&= N \left\{ -\log 2 + \log N - \frac{N_1}{N} \log N_1 \right. \\
&\qquad \left. - \frac{N - N_1}{N} \log(N - N_1) \right\}
\end{aligned}
\tag{E.80}
$$

となる．N_1 に関しては常に $\frac{N_1}{N}$ の形で現れるように式を変形するため，ゼロである以下の式を括弧の中に足す．

$$\frac{N_1}{N} \left(\log \frac{1}{N} - \log \frac{1}{N} \right) + \frac{N - N_1}{N} \left(\log \frac{1}{N} - \log \frac{1}{N} \right) \tag{E.81}$$

$x = \frac{N_1}{N}$ という変数を導入することにより，次式を得る．

$$\log w(x, N) \cong N \{ -\log 2 - x \log x - (1 - x) \log(1 - x) \} \tag{E.82}$$

w および $\log w$ は $N_1 = \frac{N}{2}$ 近傍でのみ大きな値をもつので，$x = \frac{1}{2}$ でテイラー展開を行う．表式をわかりやすくするため，$f(x) = x \log x + (1 - x) \log(1 - x)$ を定義し，$f(x)$ を変形する．$f(x)$ の $x = \frac{1}{2}$ の周りでのテイラー展開を

演習問題解答例　　　　　　**181**

$$f(x) = a + b\left(x - \frac{1}{2}\right) + c\left(x - \frac{1}{2}\right)^2 + \cdots \tag{E.83}$$

と表記すると，

$$a = f\left(\frac{1}{2}\right) = -\log 2, \quad b = \frac{df}{dx}\left(\frac{1}{2}\right) = 0, \quad c = \frac{1}{2!}\frac{d^2 f}{dx^2}\left(\frac{1}{2}\right) = 2 \tag{E.84}$$

である．したがって，

$$f(x) \cong -\log 2 + 2\left(x - \frac{1}{2}\right)^2 \tag{E.85}$$

である．よって，

$$\log w(x, N) \cong -2N\left(x - \frac{1}{2}\right)^2 \tag{E.86}$$

となる．ゆえに，

$$w(N_1, N - N_1) \cong \exp\left\{-2N\left(x - \frac{1}{2}\right)^2\right\} \tag{E.87}$$

となる．$e^{-\frac{(x-\mu)^2}{\lambda^2}}$ と比較すると，$\lambda = \frac{1}{\sqrt{2N}}$ である．

演習 4.6　式 (4.85) に $\varepsilon_j = \frac{1}{2}mv^2 = \frac{1}{2}m\left(v_x^2 + v_y^2 + v_z^2\right)$ を掛けたものを，全速度空間で積分したものが $\frac{E}{N}$ となるので，

$$\iiint_{-\infty}^{\infty} \varepsilon_j f(v_x, v_y, v_z) dv_x dv_y dv_z$$

$$= 3A\left\{\int_{-\infty}^{\infty} \frac{1}{2}ms^2 \exp\left(-\beta\frac{1}{2}ms^2\right) ds\right\}\left\{\int_{-\infty}^{\infty} \exp\left(-\beta\frac{1}{2}mt^2\right) dt\right\}^2$$

$$= 3A\left(\frac{1}{2}m\frac{\sqrt{\pi}}{2\left(\frac{\beta m}{2}\right)^{\frac{3}{2}}}\right)\left(\sqrt{\frac{2\pi}{\beta m}}\right)^2 = \frac{3}{2\beta}A\left(\frac{2\pi}{\beta m}\right)^{\frac{3}{2}} = \frac{E}{N} \tag{E.88}$$

である．式 (4.87) を代入して，

$$\beta = \frac{3N}{2E} \tag{E.89}$$

となる．気体分子運動論より $\frac{E}{N} = \frac{1}{2}m\overline{v^2} = \frac{3}{2}kT$ であるので，

$$\beta = \frac{1}{kT} \tag{E.90}$$

となる．すなわち，ラグランジュ定数として導入した β は温度の逆数に比例する物理量である．

182　　　　　　　　　　　演習問題解答例

● 第 5 章

演習 5.1　式 (5.44) にラグランジュの未定乗数法を用いると，

$$\delta \log W(M_1, M_2, \ldots, M_j, \ldots) = \sum_j \delta M_j \left(\log \frac{Mg}{M_j} - 1 \right) = 0 \tag{E.91}$$

$$(-\alpha + 1)\delta M = (-\alpha + 1) \sum_j \delta M_j = 0 \tag{E.92}$$

$$-\beta \delta E = -\beta \sum_j E_j \delta M_j = 0 \tag{E.93}$$

$$\sum_j \left(\log \frac{Mg}{M_j} - \alpha - \beta E_j \right) \delta M_j = 0, \quad f_j = \frac{M_j}{M} = ge^{-\alpha - \beta E_j} \tag{E.94}$$

となる．つまり，N 個の分子を含んだ体系が E_j のエネルギーをもつ確率はエネルギーの指数関数で与えられる．定数 α は体系数の制限 $M = \sum_j M_j$ から決めることができる．

$$M = \sum_j M_j = \sum_j Mge^{-\alpha - \beta E_j} = Me^{-\alpha} \sum_j ge^{-\beta E_j} \tag{E.95}$$

$$1 = e^{-\alpha} \sum_j ge^{-\beta E_j}, \quad e^{-\alpha} = \frac{1}{\sum_j ge^{-\beta E_j}} \tag{E.96}$$

したがって，

$$f_j = \frac{M_j}{M} = ge^{-\alpha - \beta E_j} = \frac{e^{-\beta E_j}}{\sum_j e^{-\beta E_j}} \tag{E.97}$$

となる．

演習 5.2　ゼロ点エネルギーである $\frac{h\nu}{2}$ 以外の離散化されたエネルギー $h\nu$ の M 個分を N 個の振動子に分配する方法の数を求めればよい．なお，$h\nu$ を配らない振動子もあってよいので，次のような方法で分配する方法の数を求める．$h\nu$ のエネルギーに対応する M 個の記号○と，振動子の区切りを表す $N-1$ この記号 | を一列に並べる．図 **E.1** に示すようにエネルギーを分配する状態を示すことができるので，2 種類の総数 $M + N - 1$ 個の記号の並べ方の数が求める分配する方法の数である．すなわち，

演習問題解答例　　　　　　　　　**183**

振　動　子	1	2	3	4	5		N
エネルギー	$3h\nu$	$2h\nu$	0	$h\nu$	$4h\nu$	$\cdots$	$h\nu$
記　　号	○○○ ∣	○○ ∣	∣	○ ∣	○○○○ ∣	$\cdots$ ∣	○

図 E.1　全エネルギーが $E = \frac{1}{2}Nh\nu + Mh\nu$ である N 個のほとんど独立な振動子にエネルギーを分配する方法

$$W = \frac{(M + N - 1)!}{M!(N - 1)!} \tag{E.98}$$

である.

演習 5.3　正準分布は式 (5.37) より, $\Delta\varepsilon = \varepsilon_2 - \varepsilon_1$ を用いると,

$$f_1 = \frac{e^{-\beta\varepsilon_1}}{e^{-\beta\varepsilon_1} + e^{-\beta\varepsilon_2}} = \frac{1}{1 + e^{-\beta\Delta\varepsilon}} \tag{E.99}$$

$$f_2 = \frac{e^{-\beta\varepsilon_2}}{e^{-\beta\varepsilon_1} + e^{-\beta\varepsilon_2}} = \frac{e^{-\beta\Delta\varepsilon}}{1 + e^{-\beta\Delta\varepsilon}} \tag{E.100}$$

$$Z(\beta) = e^{-\beta\varepsilon_1} + e^{-\beta\varepsilon_2} \tag{E.101}$$

である.

演習 5.4　i 番目の系の固有状態を $j_i = 1, 2, \ldots$ で指定し, i 番目の系の j_i の固有状態のエネルギー固有値を $E_{i,ji}$ で表すこととする. 正準集団における分配関数 Z は

$$Z = \sum_i \sum_{j_i} e^{-\beta E_{i,ji}} = \left(\sum_{j1} e^{-\beta E_{1,j1}}\right)\left(\sum_{j2} e^{-\beta E_{2,j2}}\right)\cdots\left(\sum_{jN} e^{-\beta E_{N,jN}}\right)$$

$$= Z_1 Z_2 \cdots Z_N \tag{E.102}$$

である. ここで, $\beta = \frac{1}{kT}$ であり, Z_i は i 番目の系の分配関数である.

同様に, それぞれの系が $E_{1,j1}, E_{2,j2}, \ldots, E_{N,jN}$ のエネルギー固有値をもつ確率 f は,

$$f = \frac{\exp\{-\beta(E_{1,j1} + E_{2,j2} + \cdots + E_{N,jN})\}}{Z} = \frac{e^{-\beta E_{1,j1}}}{Z_1}\frac{e^{-\beta E_{2,j2}}}{Z_2}\cdots\frac{e^{-\beta E_{N,jN}}}{Z_N}$$

$$= f_1(E_{1,j1})f_2(E_{2,j2})\cdots f_N(E_{N,jN}) \tag{E.103}$$

である. ここで, $f_i(E_{i,j})$ は i 番目の系が $E_{i,j}$ のエネルギー固有値をもつ確率である.

演習 5.5　温度 T_1 と T_2 の系をそれぞれ系 1, 系 2 とする. それぞれの体積を V_1, V_2, エネルギーを E_1, E_2, 状態数を $\Omega_1(E_1), \Omega_2(E_2)$ で表すと,

184　　　　　　　　　演習問題解答例

$$\Omega_1(E_1) \sim \exp\left\{V\sigma_1\left(\frac{E_1}{V_1}\right)\right\}, \quad \Omega_2(E_2) \sim \exp\left\{V\sigma_2\left(\frac{E_2}{V_2}\right)\right\} \qquad \text{(E.104)}$$

となる．式 (5.10) より，エネルギーが $E \sim E + \delta E$ の範囲に対して状態の数 $W(E, \delta E) = \{\frac{d\Omega(E)}{dE}\}\delta E$ が成り立つので，系 1 と系 2 の合成系の状態の数は

$$\begin{aligned}
W(E_1, \delta E_1, E_2, \delta E_2) &= \left\{\frac{d\Omega_1(E_1)}{dE_1}\right\}\delta E_1 \left\{\frac{d\Omega_2(E_2)}{dE_2}\right\}\delta E_2 \\
&\sim \exp\left\{V_1\sigma_1\left(\frac{E_1}{V_1}\right)\right\}\sigma_1'\left(\frac{E_1}{V_1}\right)\delta E_1 \\
&\quad \times \exp\left\{V_2\sigma_2\left(\frac{E_2}{V_2}\right)\right\}\sigma_2'\left(\frac{E_2}{V_2}\right)\delta E_2 \qquad \text{(E.105)}
\end{aligned}$$

となる．ここで $\sigma_i' = \frac{d\sigma_i(\varepsilon)}{d\varepsilon}$ である．ボルツマンの原理よりエントロピー $S(E_1, E_2)$ は

$$\begin{aligned}
S(E_1, E_2) &= k\log W(E_1, \delta E_1, E_2, \delta E_2) \\
&= kV_1\sigma_1\left(\frac{E_1}{V_1}\right) + kV_2\sigma_2\left(\frac{E_2}{V_2}\right) \\
&\quad + k\log\left\{\sigma_1'\left(\frac{E_1}{V_1}\right)\delta E_1\right\} + k\log\left\{\sigma_2'\left(\frac{E_2}{V_2}\right)\delta E_2\right\} \qquad \text{(E.106)}
\end{aligned}$$

となるが，V_1, V_2 が非常に大きいため，右辺第 3 項，第 4 項は無視できる．よって，

$$S(E_1, E_2) = kV_1\sigma_1\left(\frac{E_1}{V_1}\right) + kV_2\sigma_2\left(\frac{E_2}{V_2}\right) \qquad \text{(E.107)}$$

である．高温の系 2 から低温の系 1 に熱 $d'Q > 0$ が移動するので，系 1 と系 2 のエネルギーはそれぞれ，$E_1 \to E_1 + dE_1 = E_1 + d'Q$，$E_2 \to E_2 + dE_2 = E_2 - d'Q$ と変化する．したがって，

$$\begin{aligned}
dS(E_1, E_2) &= \left\{\frac{\partial S(E_1, E_2)}{\partial E_1}\right\}dE_1 + \left\{\frac{\partial S(E_1, E_2)}{\partial E_2}\right\}dE_2 \\
&= k\left\{\sigma_1'\left(\frac{E_1}{V_1}\right)\right\}d'Q - k\left\{\sigma_2'\left(\frac{E_2}{V_2}\right)\right\}d'Q \\
&= d'Q\left(\frac{1}{T_1} - \frac{1}{T_2}\right) \qquad \text{(E.108)}
\end{aligned}$$

である．なお，最後の式は式 (E.107) より $S \sim kV\sigma(\frac{E}{V})$ であるので，$\frac{\partial S}{\partial E} = \frac{1}{T}$ より，

$$k\sigma'\left(\frac{E}{V}\right) = \frac{1}{T} \qquad \text{(E.109)}$$

を用いた．

● 第 6 章

演習 6.1 理想気体は運動エネルギー $K(\boldsymbol{p})$ のみの和で表せるとすると，

$$
U = \overline{K(\boldsymbol{p})} = \frac{\int K(\boldsymbol{p}) e^{-\beta K(\boldsymbol{p})} d\boldsymbol{p}}{\int e^{-\beta K(\boldsymbol{p})}}
$$

$$
= \frac{\int \sum_{j=1}^{N} \frac{1}{2m}(p_{xj}^2 + p_{yj}^2 + p_{zj}^2) \prod_{j=1}^{N} e^{-\frac{\beta p_{xj}^2}{2m}} e^{-\frac{\beta p_{yj}^2}{2m}} e^{-\frac{\beta p_{zj}^2}{2m}} dp_{xj} dp_{yj} dp_{zj}}{\int \prod_{j=1}^{N} e^{-\frac{\beta p_{xj}^2}{2m}} e^{-\frac{\beta p_{yj}^2}{2m}} e^{-\frac{\beta p_{zj}^2}{2m}} dp_{xj} dp_{yj} dp_{zj}}
$$

(E.110)

である．ここで，$x_1, y_1, z_1, x_2, \ldots, x_N, y_N, z_N$ に番号を振りなおして，$i = 1, 2, 3,$ $4, \ldots, 3N-2, 3N-1, 3N$ として表現すると，

$$
U = \frac{\int \sum_{i=1}^{3N} \frac{p_i^2}{2m} e^{-\frac{\beta}{2m} \sum_{i'=1}^{3N} p_{i'}^2} \prod_{i''=1}^{3N} dp_{i''}}{\int e^{-\frac{\beta}{2m} \sum_{i=1}^{3N} p_i^2} \prod_{i'=1}^{3N} dp_{i'}}
$$

$$
= \frac{\int \sum_{i=1}^{3N} \frac{p_i^2}{2m} \prod_{i'=1}^{3N} e^{-\frac{\beta}{2m} p_{i'}^2} \prod_{i''=1}^{3N} dp_{i''}}{\int \prod_{i=1}^{3N} e^{-\frac{\beta}{2m} p_i^2} \prod_{i'=1}^{3N} dp_{i'}}
$$

(E.111)

となる．具体的に計算する方法を考えるために，p_1, p_2 の 2 つの変数について積分を実施する．

$$
\int_{-\infty}^{\infty} \int_{-\infty}^{\infty} e^{-\frac{\beta}{2m} p_1^2} e^{-\frac{\beta}{2m} p_2^2} dp_1 dp_2 = \int_{-\infty}^{\infty} \sqrt{\frac{\pi}{\frac{\beta}{2m}}} e^{-\frac{\beta}{2m} p_2^2} dp_2 = \left(\sqrt{\frac{\pi}{\frac{\beta}{2m}}} \right)^2 \quad \text{(E.112)}
$$

したがって，

$$
\int \prod_{i=1}^{3N} e^{-\frac{\beta}{2m} p_i^2} \prod_{i'=1}^{3N} dp_{i'} = \left(\sqrt{\frac{\pi}{\frac{\beta}{2m}}} \right)^{3N}
$$

(E.113)

である．また，

$$
\int_{-\infty}^{\infty} \int_{-\infty}^{\infty} \left(\frac{p_1^2}{2m} + \frac{p_2^2}{2m} \right) e^{-\frac{\beta}{2m} p_1^2} e^{-\frac{\beta}{2m} p_2^2} dp_1 dp_2
$$

$$
= \int_{-\infty}^{\infty} \left\{ \int_{-\infty}^{\infty} \frac{p_1^2}{2m} e^{-\frac{\beta}{2m} p_1^2} dp_1 + \int_{-\infty}^{\infty} \frac{p_2^2}{2m} e^{-\frac{\beta}{2m} p_1^2} dp_1 \right\} e^{-\frac{\beta}{2m} p_2^2} dp_2
$$

186　　　　　　　　　　　　演習問題解答例

$$= \int_{-\infty}^{\infty} \left(\frac{1}{2m} \frac{\sqrt{\pi}}{2 \left(\frac{\beta}{2m}\right)^{\frac{3}{2}}} + \frac{p_2^2}{2m} \sqrt{\frac{\pi}{\frac{\beta}{2m}}} \right) e^{-\frac{\beta}{2m} p_2^2} dp_2$$

$$= \frac{1}{2m} \frac{\sqrt{\pi}}{2 \left(\frac{\beta}{2m}\right)^{\frac{3}{2}}} \sqrt{\frac{\pi}{\frac{\beta}{2m}}} + \frac{1}{2m} \sqrt{\frac{\pi}{\frac{\beta}{2m}}} \frac{\sqrt{\pi}}{2 \left(\frac{\beta}{2m}\right)^{\frac{3}{2}}}$$

$$= 2 \cdot \frac{1}{2\beta} \left(\sqrt{\frac{\pi}{\frac{\beta}{2m}}} \right)^2 \tag{E.114}$$

であるので，

$$\int \sum_{i=1}^{3N} \frac{p_i^2}{2m} \prod_{i'=1}^{3N} e^{-\frac{\beta}{2m} p_{i'}^2} \prod_{i''=1}^{3N} dp_{i''} = 3N \frac{1}{2\beta} \left(\sqrt{\frac{\pi}{\frac{\beta}{2m}}} \right)^{3N} \tag{E.115}$$

である．ゆえに，

$$U = \frac{3N}{2\beta} = \frac{3}{2} NkT \tag{E.116}$$

である．

演習 6.2　$E(\boldsymbol{q}, \boldsymbol{p}) = K(\boldsymbol{p}) + \varPhi(\boldsymbol{q})$ であるので，式 (6.28) を用いて計算すると，

$$\overline{E(\boldsymbol{q}, \boldsymbol{p})} = \frac{\int K(\boldsymbol{p}) e^{-\beta K(\boldsymbol{p})} d\boldsymbol{p}}{\int e^{-\beta K(\boldsymbol{p})} d\boldsymbol{p}} + \frac{\int \varPhi(\boldsymbol{q}) e^{-\beta \varPhi(\boldsymbol{q})} d\boldsymbol{q}}{\int e^{-\beta \varPhi(\boldsymbol{q})} d\boldsymbol{q}} \tag{E.117}$$

である．右辺の第1項は $\overline{K(\boldsymbol{p})}$ であり，式 (E.116) より $\frac{3N}{2\beta}$ であった．第2項を書き出すと

$$\frac{\int \varPhi(\boldsymbol{q}) e^{-\beta \varPhi(\boldsymbol{q})} d\boldsymbol{q}}{\int e^{-\beta \varPhi(\boldsymbol{q})} d\boldsymbol{q}} = \frac{\int \sum_{i=1}^{3N} \frac{1}{2} m \omega_i^2 q_i^2 \prod_{i'=1}^{3N} e^{-\frac{\beta m \omega_i^2}{2} q_{i'}^2} \prod_{i''=1}^{3N} dq_{i''}}{\int \prod_{i=1}^{3N} e^{-\frac{\beta m \omega_i^2}{2} q_i^2} \prod_{i'=1}^{3N} dq_{i'}} \tag{E.118}$$

である．ここで，積分範囲は $-\infty$ から ∞ である．

$$\int_{-\infty}^{\infty} e^{-\frac{\beta m \omega^2}{2} q^2} dq = \sqrt{\frac{\pi}{\frac{\beta m \omega^2}{2}}} = \sqrt{\frac{2\pi}{\beta m \omega^2}} \tag{E.119}$$

なので，分母は

$$\int_{-\infty}^{\infty} \prod_{i=1}^{3N} e^{-\frac{\beta m \omega_i^2}{2} q_i^2} \prod_{i'=1}^{3N} dq_{i'} = \left(\sqrt{\frac{2\pi}{\beta m}} \right)^{3N} \prod_{i=1}^{3N} \frac{1}{\omega_i} \tag{E.120}$$

である．分子の計算は，まずは見通しをよくするために，q_1, q_2 の2つの変数につい

演習問題解答例　　　**187**

て積分を実施する.

$$
\int_{-\infty}^{\infty} \int_{-\infty}^{\infty} \left(\frac{m\omega_1^2}{2} q_1^2 + \frac{m\omega_2^2}{2} q_2^2 \right) e^{-\frac{\beta m\omega_1^2}{2} q_1^2} e^{-\frac{\beta m\omega_2^2}{2} q_2^2} dq_1 dq_2
$$

$$
= \int_{-\infty}^{\infty} \left\{ \int_{-\infty}^{\infty} \frac{m\omega_1^2}{2} q_1^2 e^{-\frac{\beta m\omega_1^2}{2} q_1^2} dq_1 + \int_{-\infty}^{\infty} \frac{m\omega_2^2}{2} q_2^2 e^{-\frac{\beta m\omega_1^2}{2} q_1^2} dq_1 \right\} e^{-\frac{\beta m\omega_2^2}{2} q_2^2} dq_2
$$

$$
= \int_{-\infty}^{\infty} \frac{m\omega_1^2}{2} \cdot \frac{\sqrt{\pi}}{2 \left(\frac{\beta m\omega_1^2}{2} \right)^{\frac{3}{2}}} e^{-\frac{\beta m\omega_2^2}{2} q_2^2} dq_2 + \int_{-\infty}^{\infty} \frac{m\omega_2^2}{2} \cdot \sqrt{\frac{2\pi}{\beta m\omega_1^2}} q_2^2 e^{-\frac{\beta m\omega_2^2}{2} q_2^2} dq_2
$$

$$
= \frac{m\omega_1^2}{2} \cdot \frac{\sqrt{\pi}}{2 \left(\frac{\beta m\omega_1^2}{2} \right)^{\frac{3}{2}}} \sqrt{\frac{2\pi}{\beta m\omega_2^2}} + \frac{m\omega_2^2}{2} \cdot \sqrt{\frac{2\pi}{\beta m\omega_1^2}} \frac{\sqrt{\pi}}{2 \left(\frac{\beta m\omega_2^2}{2} \right)^{\frac{3}{2}}}
$$

$$
= 2 \cdot \frac{1}{2\beta} \left(\sqrt{\frac{2\pi}{\beta m}} \right)^2 \frac{1}{\omega_1 \omega_2} \tag{E.121}
$$

であるので,

$$
\int \sum_{i=1}^{3N} \frac{1}{2} m\omega^2 q_i^2 \prod_{i'=1}^{3N} e^{-\frac{\beta m\omega^2}{2} q_{i'}^2} \prod_{i''=1}^{3N} dq_{i''} = 3N \cdot \frac{1}{2\beta} \left(\sqrt{\frac{2\pi}{\beta m}} \right)^{3N} \prod_{i=1}^{3N} \frac{1}{\omega_i} \tag{E.122}
$$

である. したがって,

$$
\frac{\int \Phi(\boldsymbol{q}) e^{-\beta \Phi(\boldsymbol{q})} d\boldsymbol{q}}{\int e^{-\beta \Phi(\boldsymbol{q})} d\boldsymbol{q}} = \frac{3N}{2\beta} \tag{E.123}
$$

となる. ゆえに,

$$
\overline{E(\boldsymbol{q}, \boldsymbol{p})} = \frac{3N}{\beta} = 3NkT \tag{E.124}
$$

である.

演習 6.3　N 個の分子からなる理想気体において, $p_{x_1}, p_{y_1}, p_{z_1}, p_{x_2}, \ldots, p_{x_N}, p_{y_N}, p_{z_N}$ に番号を振りなおして, $i = 1, 2, 3, 4, \ldots, 3N-2, 3N-1, 3N$ として表現して, エネルギーを

$$
E(\boldsymbol{p}) = \sum_{i=1}^{3N} \frac{p_i^2}{2m} \tag{E.125}
$$

と表すこととする. 式 (6.45) において, $\boldsymbol{p}$ に関する積分は,

188 演習問題解答例

$$\int_{-\infty}^{\infty} e^{-\beta E(\boldsymbol{p})} d\boldsymbol{p} = \prod_{i=1}^{3N} \int_{-\infty}^{\infty} e^{-\frac{\beta p_i^2}{2m}} dp_i = \left(\sqrt{\frac{2\pi m}{\beta}}\right)^{3N} \tag{E.126}$$

となる．ここで，ガウス積分の公式を用いた．$\int_V d\boldsymbol{q} = V^N$ なので，理想気体の分配関数は，

$$Z(\beta, V) = \frac{1}{N!} \left(\sqrt{\frac{2\pi m}{\beta h^2}}\right)^{3N} V^N \tag{E.127}$$

である．

演習 6.4 調和振動子の分配関数から例題 6.2 で内部エネルギーを式 (6.43) で求めている．これらをエントロピーの式 (6.69) に代入すると，

$$S = \frac{U}{T} + k \log Z = \frac{3NkT}{T} + k \log\left(\prod_{i=1}^{3N} \frac{kT}{h\nu_i}\right) = 3Nk + k \sum_{i=1}^{3N} \log \frac{kT}{h\nu_i} \tag{E.128}$$

となる．したがって，

$$C_V = T \left(\frac{\partial S}{\partial T}\right)_V = 3Nk \tag{E.129}$$

である．

演習 6.5 式 (5.44) を変形し，式 (5.45) を代入すると，

$$\log W(M_1, M_2, \ldots, M_j, \ldots)$$
$$= \sum_j M_j \log \frac{Mg_j}{M_j} = -M \sum_j \frac{M_j}{M} \log \frac{\frac{M_j}{M}}{g_j}$$
$$= -M \sum_j g_j e^{-\alpha-\beta E_j} \log e^{-\alpha-\beta E_j} = Me^{-\alpha} \sum_j g_j e^{-\beta E_j} (\alpha + \beta E_j) \tag{E.130}$$

となる．さらに，

$$e^{-\alpha} = \frac{1}{\sum_j g_j e^{-\beta E_j}} \tag{E.131}$$

を用いて整理すると，

$$\log W(M_1, M_2, \ldots, M_j, \ldots)$$
$$= M\alpha + M\beta \frac{\sum_j E_j g_j e^{-\beta E_j}}{\sum_j g_j e^{-\beta E_j}} = M \log \sum_j g_j e^{-\beta E_j} + M\beta U \tag{E.132}$$

となる．したがって，

演習問題解答例　　　　　　　　　**189**

$$k \log W(M_1, M_2, \ldots, M_j, \ldots)$$

$$= k \left(M\beta U + M \log \sum_j g_j e^{-\beta E_j} \right) = M \left(\frac{U}{T} + k \log \sum_j g_j e^{-\beta E_j} \right)$$

$$= MS \tag{E.133}$$

となる．最後の式の変形は式 (6.69) を用いた．エントロピーは示量変数であるので，エントロピー S の体系が M 個集まった系のエントロピーは M 倍と考えると，分配する方法の数，つまり，微視的状態の数 W を用いると，ボルツマンの原理

$$S = k \log W \tag{E.134}$$

を導くことができる．

● 第 7 章

演習 7.1　式 (7.94) の平面波を式 (7.97) の 1 番目の周期的境界条件に代入すると，$e^{ik_x L} = 1$ が条件となる．同様に他の周期的境界条件にも摘要することで，波数ベクトル $\boldsymbol{k} = (k_x, k_y, k_z)$ は，

$$k_x = \frac{2\pi}{L} n_x, \quad k_y = \frac{2\pi}{L} n_y, \quad k_z = \frac{2\pi}{L} n_z \tag{E.135}$$

を得る．ここで，n_x, n_y, n_z は負やゼロも含む整数である．式 (7.94) をシュレーディンガー方程式に代入することで，エネルギー固有値 ε は，

$$\varepsilon(n_x, n_y, n_z) = \frac{\hbar^2}{2m} \left(k_x^2 + k_y^2 + k_z^2 \right) = \frac{2\pi^2 \hbar^2}{mL^2} \left(n_1^2 + n_2^2 + n_3^2 \right) = \frac{\pi^2 \hbar^2 n^2}{2mL^2} \tag{E.136}$$

である．ここで，$n^2 = n_x^2 + n_y^2 + n_z^2$ で定義される n を用いた．エネルギーの値が ε 以下である許される状態は，$n_x n_y n_z$ 空間の整数の組 (n_x, n_y, n_z) で表される座標の中で，半径が，

$$\sqrt{\frac{mL^2 \varepsilon}{2\pi^2 \hbar^2}} \tag{E.137}$$

の球の内側の点である．7.2 節での議論と同様に，系すなわち L が大きくなれば，立方体の大きさ（体積 1）は球のように状態の数を求める図形に比べると十分小さくなり，$n_x n_y n_z$ 空間の体積が求める状態の数とほぼ等しくなる．その条件では，ε と $\varepsilon + d\varepsilon$ の間の許される状態の数 $g(\varepsilon)d\varepsilon$ は，$n_x n_y n_z$ 空間における半径 n，厚さ dn の球殻の体積であるので，

$$g(\varepsilon)d\varepsilon = 4\pi n^2 dn \tag{E.138}$$

となる.

$$n = \sqrt{\frac{mL^2\varepsilon}{2\pi^2\hbar^2}}, \quad dn = \sqrt{\frac{mL^2}{8\pi^2\hbar^2\varepsilon}}d\varepsilon \tag{E.139}$$

を用いると,

$$g(\varepsilon)d\varepsilon = \frac{m^{\frac{3}{2}}V}{\sqrt{2}\pi^2\hbar^3}\sqrt{\varepsilon}d\varepsilon \tag{E.140}$$

となり,式 (7.15) と一致する.

演習 7.2 フェルミ分布関数 $f(\varepsilon)$ とそのエネルギー微分 $\frac{df}{d\varepsilon}$ は,

$$f(\varepsilon) = \frac{1}{e^{\beta(\varepsilon-\mu)}+1}, \quad \frac{df}{d\varepsilon} = -\beta\frac{e^{\beta(\varepsilon-\mu)}}{\left(e^{\beta(\varepsilon-\mu)}+1\right)^2} \tag{E.141}$$

となる.横軸を $x = \beta(\varepsilon-\mu)$ として,$f(\varepsilon)$ と $-\frac{1}{\beta}\cdot\frac{df}{d\varepsilon}$ のグラフを描くと図 **E.2** となる.$-\frac{1}{\beta}\cdot\frac{df}{d\varepsilon}$ は $\varepsilon = \mu$ ($x=0$) において最大値 $\frac{1}{4}$ をとるので,半値幅は $-\frac{1}{\beta}\cdot\frac{df}{d\varepsilon} = \frac{1}{8}$ となる幅を求めればよい.

$$\frac{e^x}{(e^x+1)^2} = \frac{1}{8}, \quad e^x = \frac{6\pm\sqrt{32}}{2} = 5.828, 0.1716, \quad x = 1.763, -1.763 \tag{E.142}$$

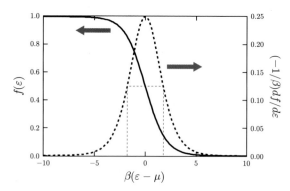

図 **E.2** フェルミ分布関数 $f(\varepsilon)$(実線)とそのエネルギー微分 $(-\frac{1}{\beta})\frac{df}{d\varepsilon}$(破線).横軸は $\beta(\varepsilon-\mu)$ で表している.点線は半値幅を表している.

演習問題解答例　　　　　　　　**191**

したがって，$\Delta x = 3.525$ である．つまり，エネルギーの半値幅は $3.525kT$ である．

演習 7.3　$T \gg \Theta_\mathrm{D}$ なので，$\frac{\Theta_\mathrm{D}}{T} \ll 1$ の条件となる．すなわち，積分範囲が $\xi \sim 0$ 近傍のみとなるので，被積分関数を $\xi \sim 0$ の周りで展開することができる．

$$\int_0^{\frac{\Theta_\mathrm{D}}{T}} \frac{\xi^4 e^\xi}{(e^\xi - 1)^2} d\xi \cong \int_0^{\frac{\Theta_\mathrm{D}}{T}} \frac{\xi^4 (1+\xi)}{\xi^2} d\xi = \int_0^{\frac{\Theta_\mathrm{D}}{T}} (\xi^2 + \xi^3) \, d\xi$$

$$\cong \int_0^{\frac{\Theta_\mathrm{D}}{T}} \xi^2 d\xi = \frac{\left(\frac{\Theta_\mathrm{D}}{T}\right)^3}{3} \tag{E.143}$$

したがって，

$$C_V = 9R \left(\frac{T}{\Theta_\mathrm{D}}\right)^3 \frac{\left(\frac{\Theta_\mathrm{D}}{T}\right)^3}{3} = 3R \tag{E.144}$$

となり，デュロン‐プティの法則と一致する．

演習 7.4　$T \ll \Theta_\mathrm{D}$ なので，$\frac{\Theta_\mathrm{D}}{T} \to \infty$ となり，積分範囲が 0 から ∞ となる．

$$\int_0^\infty \frac{x^4 e^x}{(e^x - 1)^2} dx = \frac{4\pi^4}{15} \tag{E.145}$$

の定積分を用いて比熱を求めると，

$$C_V \cong 9R \left(\frac{T}{\Theta_\mathrm{D}}\right)^3 \int_0^\infty \frac{\xi^4 e^\xi}{(e^\xi - 1)^2} d\xi = 9R \left(\frac{T}{\Theta_\mathrm{D}}\right)^3 \frac{4\pi^4}{15}$$

$$= \frac{12}{5} \pi^4 R \left(\frac{T}{\Theta_\mathrm{D}}\right)^3 \propto T^3 \tag{E.146}$$

となる．式 (E.145) の積分方法を示すと，

$$\int_0^\infty \frac{x^4 e^x}{(e^x - 1)^2} dx = \int_0^\infty \frac{x^4 e^x e^{-2x}}{\{e^{-x} (e^x - 1)\}^2} dx = \int_0^\infty \frac{x^4 e^{-x}}{(1 - e^{-x})^2} dx \tag{E.147}$$

となる．無限級数

$$\frac{1}{1 - e^{-x}} = \sum_{n=0}^\infty e^{-nx} \tag{E.148}$$

を用いると，

192　　　　　　　　　　　演習問題解答例

$$\int_0^\infty \frac{x^4 e^{-x}}{(1-e^{-x})^2} dx = \int_0^\infty x^4 e^{-x} \left(\sum_{n=0}^\infty e^{-nx}\right)^2 dx$$

$$= \int_0^\infty x^4 \left(e^{-x} + 2e^{-2x} + 3e^{-3x} + \cdots\right)^2 dx$$

$$= \sum_{n=0}^\infty n \int_0^\infty x^4 e^{-nx} dx \tag{E.149}$$

ここで，部分積分を繰り返すことで

$$\int_0^\infty x^4 e^{-nx} dx = \frac{24}{n^5} \tag{E.150}$$

したがって，

$$\sum_{n=0}^\infty n \int_0^\infty x^4 e^{-nx} dx = \sum_{n=0}^\infty \frac{24}{n^4} = 24 \sum_{n=0}^\infty \frac{1}{n^4} \tag{E.151}$$

であり，無限級数の公式より

$$\sum_{n=0}^\infty \frac{1}{n^4} = \frac{\pi^4}{90} \tag{E.152}$$

となり，式 (E.145) が求まる．

$$\int_0^\infty \frac{x^4 e^x}{(e^x-1)^2} dx = 24 \cdot \frac{\pi^4}{90} = \frac{4\pi^4}{15} \tag{E.153}$$

演習 7.5　$E_\lambda(\lambda)$ が最大となる λ_m を求めればよいので，$\frac{dE_\lambda}{d\lambda} = 0$ を計算する必要がある．この計算を実施するため，新たな変数 $x = \frac{hc}{\lambda kT}$ を導入し，$\frac{dE_\lambda}{d\lambda} = \frac{dE_\lambda}{dx} \cdot \frac{dx}{d\lambda}$ の関係を用いる．

$$E_\lambda(x) = \frac{8\pi(kT)^5}{(hc)^4} \frac{x^5}{e^x - 1} \tag{E.154}$$

であるので，

$$\frac{dE_\lambda(x)}{dx} = \frac{8\pi(kT)^5}{(hc)^4} \frac{d}{dx} \left(\frac{x^5}{e^x-1}\right) = \frac{8\pi(kT)^5}{(hc)^4} \frac{x^4}{(e^x-1)^2} \left\{(5-x)e^x - 5\right\} \tag{E.155}$$

となる．

演習問題解答例　　　**193**

$$\frac{dx}{d\lambda} = -\frac{hc}{kT}\frac{1}{\lambda^2} \tag{E.156}$$

であるので，$\frac{dE_\lambda}{d\lambda} = 0$ のためには，$(5 - x)e^x - 5 = 0$ であればよい．これを満たす x_0 を数値的に求めると次式の通りとなる．

$$x_0 = 4.9651 = \frac{hc}{\lambda_m kT} \tag{E.157}$$

$$\lambda_m T = \frac{hc}{kx_0} = 2.90 \times 10^{-3} \text{ m} \cdot \text{K} \tag{E.158}$$

この式は**ウィーンの変位則**として知られている．

参考文献，および，さらに勉強するために

　本書の執筆では多くの教科書を参考にさせて頂いた．読者の今後の勉強の参考になることを期待して，以下では，それらを簡単に紹介する．（各 URL は 2024 年 9 月時点のもの）

[1] 戸田盛和，熱・統計力学（物理学入門コース［新装版］，岩波書店，2017）
ISBN 978-4-00-029867-4
理工系の大学 1，2 年生向けに熱力学と統計力学をバランスよく，丁寧にかつ簡潔にまとめてある．全体的構成なども参考にさせて頂いた．

[2] 田崎晴明，熱力学＝現代的な視点から（新物理学シリーズ 32，培風館，2000）
ISBN 978-4-563-02432-1

[3] 田崎晴明，統計力学 I（新物理学シリーズ 37，培風館，2008）
ISBN 978-4-563-02437-6

[4] 田崎晴明，統計力学 II（新物理学シリーズ 38，培風館，2008）
ISBN 978-4-563-02438-3
田崎先生のこれらの教科書からは，多くの貴重な考え方を教わった．特に，平衡統計力学の基礎における微視的状態の取扱いやエルゴード仮説が的を外している議論など，参考にさせて頂いた．非常に丁寧に議論されており，細かい部分で理解したいときなど，参考になる．

[5] 阿部龍蔵，統計力学［第 2 版］（東京大学出版会，1992）
ISBN 978-4-13-062134-2
本書の範囲を超える高度な内容までも取り扱った歴史的良書であるが，理想ボース気体，理想フェルミ気体に関する議論を参考にさせて頂いた．この教科書では，第 2 量子化，ファインマン図形，グリーン関数法なども扱っており，これらを勉強することができる．

[6] 久保亮五（編），大学演習　熱学・統計力学［修訂版］（裳華房，1998）
ISBN 978-4-7853-8032-8
有名な熱力学・統計力学の演習書である．演習書ではあるが，章の冒頭に基礎事項を簡潔にまとめてあり，基本的な事項の確認にも利用できる．もちろん，

参考文献，および，さらに勉強するために　　**195**

演習問題を通しても深く理解できる問題が多く，色々な問題を参考にした.

[7] 北 孝文，ここがポイント！理解しよう熱・統計力学（ライブラリ 物理を理解
しよう 5，数理工学社，2023 年）
ISBN 978-4-86481-097-5
〔講義ノート SS4 統計力学 https://phys.sci.hokudai.ac.jp/~kita/
StatisticalMechanicsI/StatisticalMechanicsI.html〕
統計力学でのエントロピーの表現と 3 つの確率モデルを簡潔に説明している.
それらのモデルを比較して理解することができる.

[8] 冨田博之，京都大学全学共通科目『統計物理学』講義ノート
https://ocw.kyoto-u.ac.jp/wp-content/uploads/
2010/04/2010_toukeibutsurigaku_2.pdf
熱力学第 1 法則の仕事と熱の微視的な理解，ボルツマン原理のマクスウェル分
布で確認する方法，微視的状態数の取扱い方法など，統計力学のいくつかの部
分において説明が明快で，理解を助けて頂いた.

[9] 山崎勝義，「yam @広島大」詳説 物理化学 Monograph シリーズ 18. 統計熱力
学における古典統計と量子統計の関係
https://home.hiroshima-u.ac.jp/~kyam/pages/results/monograph/
https://ir.lib.hiroshima-u.ac.jp/00015531
具体的な例を示して微視的状態の数をわかりやすく説明してある. 巨視的状態
と微視的状態の関係に関しても詳しい.

[10] 戸田昭彦，教材 熱力学（参考 9）準静的過程とは：可逆過程との違いについて
https://home.hiroshima-u.ac.jp/atoda/Thermodynamics/all3016.html
https://home.hiroshima-u.ac.jp/atoda/Thermodynamics/
r09junseitekikagyaku.html
準静的過程と可逆過程との関係について参考にさせて頂いた.

[11] 菊池 誠，統計力学のはじめの一歩 2023 年版
http://www.cp.cmc.osaka-u.ac.jp/~kikuchi/kougi/statphys/
statphys.pdf
各集団での取扱いが丁寧に説明されている. 脚注のコメントも非常に参考に
なった.

索　引

● あ 行

アインシュタインの比熱式　145
アインシュタインモデル　145
アボガドロ定数　68
アボガドロの法則　68

位相空間　86, 93

ウィーンの変位則　193

永久機関　22
エネルギー等分配の法則　71, 128
エルゴード仮説　97
エンタルピー　28
エントロピー　51
エントロピー増大の法則　58

大きな状態和　111
温度　3
温度計　3

● か 行

ガウス関数　91
ガウス積分　91
化学ポテンシャル　64, 109, 111
可逆変化　20
仮想的統計集団　106
カノニカル集団　101
カノニカル分布　105
カルノーサイクル　39
カルノーの定理　45
カルノー冷却器　41

完全黒体　149
完全微分　23
ガンマ関数　161

気体定数　6
気体分子運動論　65
ギブズ – デュエムの関係　64
ギブズのエントロピー　168
ギブズのパラドックス　95, 134
ギブズ – ヘルムホルツの式　63

クラウジウスの表現　42
クラウジウスの不等式　57
グランドカノニカル集団　109
グランドカノニカル分布　111

系　1

黒体　149

● さ 行

サイクル　38
作業物質　38
作用　95
三重点　8
三態　8

示強変数　2
自己情報量　164
自然な独立変数　60
シャノンのエントロピー　165
シャルルの法則　5
ジュール – トムソン効果　31
ジュールの法則　18

シュテファン‐ボルツマン定数　151
シュテファン‐ボルツマンの法則
　　151
循環過程　38
準静的　20
昇華曲線　8
小正準集団　100
小正準分布　101
状態数　98
状態方程式　7
状態密度　98
状態量　2
状態和　81, 101, 108
蒸発曲線　8
示量変数　2

スターリングの公式　78

正準集団　101
正準分布　105
積分因子　24
絶対温度　6
絶対零度　6
セルシウス温度　4
潜熱　12

相図　8
粗視化　73
ゾンマーフェルト展開　140

● た 行━━━━

第1種永久機関　23
対偶　44
大正準集団　109
大正準分布　111
第2種永久機関　42
代表点　93

大分配関数　111
体膨張率　28
対流　15
断熱変化　32

超流動　142

定圧比熱　27
定積比熱　26
デバイ温度　147
デバイ関数　148
デバイ振動数　147
デバイの比熱式　148
デバイモデル　147
デュロン‐プティの法則　121

等確率の原理　100
統計熱力学的に正常　99
等重率の原理　100
同値　44
トムソンの表現　42

● な 行━━━━

内部エネルギー　19

2重階乗　161

熱機関　38
熱機関の効率　38
熱源　21, 101
熱伝導率　15
熱輻射　15, 148
熱平衡　2
熱平衡状態　2
熱容量　12, 26
熱力学関数　60
熱力学第1法則　19
熱力学第2法則　42

熱力学的絶対温度　49
熱力学第 0 法則　3
熱力学ポテンシャル　60
熱量　12

● は 行

比熱　12, 26
標準状態　69
ビリアル係数　16
ビリアル展開　16

ファーレンハイト温度　4
ファン・デル・ワールスの状態方程
　　式　8
フェルミ – ディラック統計　140
フェルミ分布　140
フェルミ粒子　139
プランク定数　94, 153
プランクの熱輻射式　150
分子量　69
分配関数　101, 108, 119
分布確率　75

平均情報量　165
ヘルムホルツの自由エネルギー　128
変分　84
変分法　84

ポアソンの式　33
ボイル – シャルルの法則　6
ボイルの法則　4
飽和蒸気圧　9
ボース – アインシュタイン統計　139
ボース分布　139

ボース粒子　139
ボルツマン因子　108
ボルツマン定数　68
ボルツマン統計　141
ボルツマンの原理　101, 113

● ま 行

マイヤーのサイクル　35
マイヤーの法則　31
マクスウェルの関係式　63
マクスウェルの速度分布　90

ミクロカノニカルアンサンブル　100
ミクロカノニカル分布　101

モル質量　69
モル比熱　147

● や 行

融解曲線　8
許される微視的状態　97

● ら 行

ラグランジュ定数　85
ラグランジュの未定乗数法　84

理想気体　7
粒子源　109
臨界圧力　9
臨界温度　9
臨界体積　9
臨界点　9

ルジャンドル変換　61

著者略歴

市川聡夫
（いち かわ ふさ お）

1990 年　九州大学 大学院総合理工学研究科 情報シス
　　　　テム学専攻 博士後期課程 中退
現　在　熊本大学 大学院先端科学研究部（理学系）
　　　　教授，博士（理学）

ライブラリ 新物理学基礎テキスト＝Q4
レクチャー 熱・統計力学

2025 年 2 月 25 日 ©　　　　　　初 版 発 行

著　者　市 川 聡 夫　　　　　発行者　森 平 敏 孝
　　　　　　　　　　　　　　　印刷者　田 中 達 弥

発行所　　株式会社　サイエンス社
〒151-0051　東京都渋谷区千駄ヶ谷 1 丁目 3 番 25 号
営 業 ☎ (03) 5474-8500 (代)　振替 00170-7-2387
編 集 ☎ (03) 5474-8600 (代)
FAX ☎ (03) 5474-8900

印刷・製本　大日本法令印刷（株）
《検印省略》
本書の内容を無断で複写複製することは，著作者および出
版者の権利を侵害することがありますので，その場合には
あらかじめ小社あて許諾をお求め下さい．

サイエンス社のホームページのご案内
https://www.saiensu.co.jp
ご意見・ご要望は
rikei@saiensu.co.jp　まで．

ISBN 978-4-7819-1626-2

PRINTED IN JAPAN

━■━/■━/■━ ライブラリ 新物理学基礎テキスト ━/■━/■━/■━

レクチャー 物理学の学び方
高校物理から大学の物理学へ
原田・小島共著　2色刷・A5・本体2200円

レクチャー 力学
本質を理解して物理を使うために
半田利弘著　2色刷・A5・本体2100円

レクチャー 振動・波動
山田琢磨著　2色刷・A5・本体1850円

レクチャー 熱・統計力学
市川聡夫著　2色刷・A5・本体2100円

レクチャー 電磁気学
山本直嗣著　2色刷・A5・本体2250円

レクチャー 量子力学
青木　一著　2色刷・A5・本体1900円

＊表示価格は全て税抜きです.

━/■━/■━/■━ サイエンス社 ━/■━/■━/■━